羚羊与蜜蜂

众·生·的·演·化·奇·景

陶雨晴◎著

清华大学出版社
北京

图书在版编目（CIP）数据

羚羊与蜜蜂：众生的演化奇景 / 陶雨晴著．— 北京：清华大学出版社，2018

ISBN 978-7-302-50033-9

Ⅰ．①羚… Ⅱ．①陶… Ⅲ．①自然科学－普及读物 Ⅳ．① N49

中国版本图书馆 CIP 数据核字（2018）第 083850 号

责任编辑： 胡洪涛
封面设计： 施 军
责任校对： 刘玉霞
责任印制： 杨 艳

出版发行： 清华大学出版社

网 址： http://www.tup.com.cn，http://www.wqbook.com
地 址： 北京清华大学学研大厦 A 座 **邮 编：** 100084
社 总 机： 010-62770175 **邮 购：** 010-62786544
投稿与读者服务： 010-62776969，c-service@tup.tsinghua.edu.cn
质量反馈： 010-62772015，zhiliang@tup.tsinghua.edu.cn

印 装 者： 三河市金元印装有限公司
经 销： 全国新华书店
开 本： 145mm×210mm **印 张：** 9.25 **字 数：** 215 千字
版 次： 2018 年 6 月第 1 版 **印 次：** 2018 年 6 月第 1 次印刷
定 价： 49.00 元

产品编号：077172-01

适我无非新（自序）

三春启群品，寄畅在所因。
仰望碧天际，俯瞰绿水滨。
寥朗无涯观，寓目理自陈。
大矣造化功，万殊莫不均。
群籁虽参差，适我无非新。

这是在公元353年，王羲之在兰亭（位于今浙江绍兴）举办祈福仪式“修禊”（也有游乐的性质）时，写下的一首诗。同时诞生的还有著名的《兰亭集序》。在广阔的天地、繁盛的万物中体悟“玄理”，在当时非常流行。

有趣的是，1859年首次出版的《物种起源》，在结尾的一段，达尔文表达了与王羲之极其神似的观点。瞻望树木葱茏河岸，鸟飞虫走，万物彼此相异又共存，这一切都遵守自然的“法则”——进化论——而运行着，这种看待万物的方式，既是有趣的，又是壮丽的。

随着科技的发展，我们对宇宙的认识加深，

开始意识到人类的渺小。所知如此之少，未知如此之多，而且通过传统认知工具得到的结果往往与我们的直觉相反。因此，难免有人心生畏缩与恐惧，甚至憎恶与绝望。对此，我开出的药方是，我们应该回到认识的原点，从格物致知开始。

人们以为，在我们能看见的万事万物之外存在着指示万物运行轨道的“客观规律”，这种规律能通过观察事物而得出。当然，用以认识规律的办法，有一些比较接近客观真理，有一些就是荒诞不经（例如,认为“寓目”“理”就可以“自陈”），但“格物而致知”的基本方法，却是不约而同的。

这种观察万物而通往“知”的视角，可以按照达尔文的用词，称为“壮丽”。万物繁多，却被一理贯之，如万里长河从一个泉源涌出，滔滔不绝。了解了客观规律，再观看万物，人类的观察探索之中充满惊喜以及对自己所掌握知识的自豪。

我们比以往任何一个时代对世界的了解更多，信息的交流更不受拘束。无论信息还是实物，我们面临着前所未有的广大和丰富。“群籁虽参差，适我无非新”，人类应该修炼的一种胸襟和气量，是面对广大纷繁的世界，持欢喜迎接的态度。正如同有着鲨鱼和鲸鱼的大海，要比只有咸水的大海更能吸引游客。一个充满丰富现象和规律的宇宙，对于相信世界可知，又不失好奇心的人来说，也可以是一件好事。

陶雨晴

2018 年 4 月

目　录

第1章

“红色皇后”的赛跑

丑男何处来

寄言全盛红颜子，应怜半死白头翁。
此翁白头真可怜，伊昔红颜美少年。
——刘希夷《代悲白头翁》

崇拜美丽的世界

这个题目难免会招来一些愤怒：丑男何处来？这问题有什么好问的？搞清楚美男在哪更重要！且慢，在这个牛人吃肉、熊人喝汤的世界里，美男儿孙满堂，丑男打一辈子光棍，按理说丑男早就该绝嗣了。丑男居然一直存在，真的是个问题。

不过，我说的不是人类，而是鸟类……

北美草原上的艾松鸡（学名 *Centrocercus urophasianus*）是世界上最崇尚“看脸”的动物之一。每当春天，雄松鸡就会六七十只一群，聚集在空地上，各自占领一小块领地，展示自己的华丽婚服。雄松鸡高视阔步，尾巴展开成一把折扇，昂首挺胸，露出胸前一大捧雪白的绒毛，胸前两个浑圆的黄色气囊，好像一盘煎双蛋。雄松鸡使劲把这两个气囊里的气挤掉，会发出“咕咚”一声巨响，以壮声势。雄松鸡搔首弄姿时，衣着朴素的雌松鸡陆续到场，选择如意郎君。

雄松鸡

在我们看来，这场面很像一场明星选秀节目，科学家把这种雄性动物的比赛，称为“求偶场”（Lek）。有求偶场习惯的鸟类，雄鸟都有极其夸张的装饰和非常激烈的繁殖竞争。最受欢迎的“美男子”，一个早上就能获得几十次婚配的机会，而大多数相貌平庸的倒霉松鸡，则是一无所获。

在自然界里，为了繁殖，动物发展出各式各样的方法，对异性进行炫耀，有的举行山歌会，有的拼死搏斗，有的披上最灿烂的颜色，有的表演惊心动魄的杂技，园丁鸟甚至发展出了“艺术”。雄鸟用草搭一个全无用途的“房子”，四周摆满色彩鲜艳的东西，花朵、野果、甲虫翅膀，甚至瓶盖。雌鸟会受到这个古怪的展览的吸引，飞来与雄鸟喜结良缘。雄园丁鸟还懂得嫉妒，如果有别的雄鸟在它的“房子”附近举办展览，它会偷偷飞过去，叼走情敌的饰品。

好看还是实用

扇形尾巴和荷包蛋模样的胸脯，不仅普通人看起来奇怪，也对达尔文提出了挑战。按理说，生存竞争是残酷的，动物应该没有精力研究艺术之美，为什么雌松鸡钟情于花哨不实用的装饰呢？发展这些“绣花枕头”般的特征，难道不会浪费宝贵的营养，或者降低逃走的速度，害它们被凶禽猛兽吃掉吗？

为此进化生物学家绞尽了脑汁。一个解释松鸡尾巴存在的理论，是伟大的英国数学家和生物学家罗纳德·艾尔默·费希尔（Ronald Aylmer Fisher）提出的。他的答案很简单：漂亮的尾羽也许是绣花枕头，但只要大多数的雌松鸡，都喜爱漂亮的雄松鸡，雌松鸡选择绣花枕头就是合理的。喜爱美男子的雌松鸡，生的儿子也会是美男，这样她的儿子就会迷倒众多雌松鸡，给她带来许多孙子孙女。如果她偏爱比较朴素的雄松鸡，生的儿子不好看，将来她的子孙也会很稀少。

所以，雄松鸡“长出华而不实的尾羽”的基因和雌松鸡“喜欢华而不实的尾羽”的基因，手牵手迈向下一代。如今，只有崇尚美男的雌松鸡和华而不实的雄松鸡存留于世。

另外一种解释比较朴实刚健，是以色列的动物学家阿莫茨·扎哈维（Amotz Zahavi）提出的。他认为雄性动物能负担得起许多累赘的装饰品仍然好好地活着，正说明它们的杰出。这很像日本少年漫画里，英雄在修炼武功时身背负重，或者在脚上绑着铅袋，在观众看来，这些负重是他们强壮和英勇的最好证据。同样的道理，雄松鸡炫耀华而不实的尾羽，正是在表明自己是健壮、聪明、免疫力出色的雄性。

物理学上的丑男

好了，我们回到最早的问题了。漂亮的雄松鸡妻妾成群，身后会留下许多和他一样的英俊子嗣，这样下去用不了几代，所有的雄鸟都会变得一样英俊。虽然美男多不是件坏事，但如果丑男断子绝孙，谁又来当美男的绿叶呢?

制造尾羽和其他漂亮特征的配方——生物的基因，常常会产生突变，也许是因为宇宙射线轰炸，也许是基因复制时本身产生的错误。突变大多是无害无益的，但也有一些突变会引起遗传病，例如色盲症。雄松鸡美丽的丰姿，需要许多基因配合才能制造出来，这个过程非常精妙，也非常容易出错。也许就是基因突变把美男变成了丑男。

这个答案看似有理，然而太简单了，它是物理学的答案，不是生物学的答案，更不是进化论的答案。想要找到更复杂的答案，我们还要在生物的世界里深挖一层。

红色皇后的脚步

美国进化生物学家威廉·唐纳德·汉密尔顿（William Donald Hamilton）是伟大的学者，也是费希尔的“雌松鸡喜欢漂亮的雄松鸡是因为她们的儿子也会很漂亮”理论的支持者。他在解释“丑男何处来”的问题时，迈出了很大的一步：他解释了为什么生物需要有性繁殖。

有性繁殖规定了，要两个生物才能产生后代，无性繁殖的效率比它高一倍，所以男欢女爱真的是一种很奢侈的东西。汉密尔顿的解释是，美国生物学家利·范·凡瓦伦（Leigh Van Valen）提出的红色皇后理论（Red Queen Hypothesis）。

这个奇怪（但看起来很帅）的词，来自英国数学家刘易斯·卡罗尔（Lewis Carroll）的童话《爱丽丝镜中奇遇记》，红色皇后是里面的角色，在她的世界里，地面会飞快地移动，人必须不停奔跑，才能留在原地。不知道跑步机的发明者有没有受到卡罗尔的启发。

还是说动物吧，最简单的例子：猎豹必须抓到瞪羚，否则就会饿死。经过一代又一代的激烈竞争，跑得慢的猎豹饿死了，活下来的都是精锐中的精锐。然而今天的猎豹，虽然有100千米的时速，像跑车一样酷炫的流线体型，它们捕到的瞪羚却不比祖先多。因为猎豹遭受生存竞争考验的同时，瞪羚也在遭受考验，只有跑得最快的瞪羚才能生存。

猎豹和瞪羚都被拴在红色皇后的跑步机上。两方不断地进化，越跑越快，但它们得到的东西，并没有跑得慢的祖先多。猎豹没有杀绝瞪羚，瞪羚也没有饿死猎豹。

真正的敌人

跑得更快的猎豹是从哪里来的？基因突变。偶然有一些变异会使猎豹跑得更快。有性繁殖丰富了基因多样性。有性繁殖会结合父亲和母亲两方的基因，你可能有来自母亲的血型基因和来自父亲的眼睛颜色基因，因为基因很多，混合的花样也是千奇百怪，所谓龙生九子，各有不同。如果所有生物都依赖无性繁殖，大家长得都一模一样，没有谁跑得更快，红色皇后的竞赛就会无法开场。

这样说来，有性繁殖是为了对付猎豹和瞪羚而存在的？

汉密尔顿要插一句了，瞪羚的对头就只有猎豹吗？

毛发上有跳蚤，血液里有细菌，细胞里有病毒，这些都是瞪羚的对头，也是我们的对头。虽然你不太可能在《动物世界》里看到跳蚤一家，但它们比猎豹要厉害得多。大型的捕食者虽然可怕，但充其量不过那么几种，细菌则是所有生物中家族最兴旺的，一撮土里就可能包含几千种细菌。病原体的杀伤力也是无与伦比的。在我们这个时代，每年有1亿人染上疟疾，100万~200万人死亡。历史上最可怕的一次瘟疫，可能是1918年大流感，波及美国、印度，中国和欧洲的一些国家，死亡人数以千万计。

更糟糕的是，病原体的寿命短暂，繁殖迅速，更新换代也快，细菌一天能繁殖几千代，它们产生的基因突变数量超过我们，所以它们的进化速度也超过我们。细菌以惊人的速度产生对抗生素的抗药性，让医生头疼不已，这都是进化活生生的例子。

土豆和蜗牛的防御战

可怕的病原体就像小偷一样，想溜进我们的细胞，而细胞经常是大门紧闭。如果有少数变异的细菌，能撬开“门锁”，它们就可以享受人肉盛宴，繁殖许多后代，家族兴旺。

如果所有生物都是无性繁殖，直接复制母亲的模样，所有人（生物）的防御措施都一样，“小偷”只要会开一种锁就可以吃遍天了。

无性繁殖的“锁”，不利于抵抗细胞的“小偷”，可以在人类社会中找到例子，那可是血淋淋的教训。土豆通常是无性繁殖的（种块茎而不是种子），我们种的许多土豆，都有相同的基因，如果一种病原体攻破了它们的防线，就是兵败如山倒。历史上，1845年爱尔兰爆发过一次严重的大饥荒，主要原因之一就是霉菌导致的马铃薯晚疫病（Potato Late Blight）杀死了大量的庄稼。

不能指望一招鲜，防守严密固然重要，推陈出新也很重要！

这时，就需要汉密尔顿带着他的有性繁殖……啊不，是有性繁殖理论来拯救我们了。

有性繁殖会产生多种多样的后代，虽然很多基因突变是中性的，但跟病原体做斗争，需要的不是前进，而是改变，只要换一把细菌认不出的新锁，不管新锁的防盗功能是否更好。细菌面对陌生的防御战术，就会吃瘪。在红色皇后的竞赛里，有性繁殖在我们身后猛推一把，让我们可以跟跑得飞快的细菌病毒并驾齐驱。

我们也可以讲一个自然界的例子，生活在淡水里的小螺蛳——新西兰泥蜗（学名 *Potamopyrgus antipodarum*）。这种小动物可以有性繁殖，也可以无性繁殖。侵染螺蛳的寄生虫，大多生活在湖边浅水里。科学家们惊喜地看到，浅水里有性繁殖的螺蛳多,深水里无性繁殖的螺蛳多。克隆螺蛳生育速度快，然而在病原体流行的世界里，有性繁殖的螺蛳能发挥自己的优势。

8 寄生虫创造爱情?

汉密尔顿对病原体和有性繁殖的问题情有独钟。他与美国女生物学教授马琳·祖克（Marlene Zuk）还提出了一个理论，不仅有性繁殖是和病原体斗争的结果，有性雄松鸡长成美男，本身就是证明，自己能和病原体做斗争。

汉密尔顿和祖克比较了许多鸟类，发现那些雄性最花哨、最虚荣的鸟，通常也生活在寄生虫、细菌泛滥的环境里。这可以说是一个常识：得了重病，雄性动物就很难长出华丽的装饰品。例如，判断公鸡健康的一个标准是鸡冠红艳，感染了寄生虫的公鸡，鸡冠会变得苍白，表面光秃无毛，如果存在寄生虫，一眼就可以看出来。

雄性动物炫耀这些特征，似乎正是说明自己的免疫力优秀，可以抵抗病原体，这倒让我们想起了扎哈维的答案。背负着“绣花枕头”特征的雄松鸡，实际上是最厉害的英雄。

此翁白头真可怜，伊昔红颜美少年

病原体是如此可怕，如果有一只松鸡（甚至一个人），天生具备与众不同的基因，与众不同的防御手段，就可以成为最受欢迎的美男子。因为健康，它的羽毛和气囊会格外华丽，也格外吸引雌松鸡的注意。然而好景不长，美丽的雄松鸡会成为一大堆孩子的父亲，这虽然是一件好事，但也埋下了潜在的风险。它的子孙越多,越多的松鸡会拥有相似的免疫系统。

如果有细菌，通过基因突变获得新的办法，冲破华丽雄松鸡独特的免疫系统,就能一举消灭一大批松鸡。风水轮流转，当初美男子战胜细菌，靠的是自己基因的稀少和陌生，现在它已经不再稀有。

现在我们得到丑男出现的答案了。自然界不断在重复，白马王子出现——火一阵——衰落的循环。今朝的红颜子，很可能明天就变成白头翁。与此同时，另一个与众不同的白马王子崛起，重新度过一段短暂华彩的日子。也许使每一代松鸡倾心的，都是一样的美貌，但尾羽和气囊所代表的基因已经变更了无数代。

根据汉密尔顿的理论，今天成功的基因，明天说不定就不成功，松鸡始终无法一劳永逸地摆脱细菌，细菌也不能把松鸡斩尽杀绝。土地移动不停，必须飞跑才能留在原地。这是一个轮回，短暂而璀璨，矛盾而荒诞。眼看他起朱楼，眼看他宴宾客，眼看他楼塌了，鸡生如戏，一切的背后，是一场红色皇后的赛跑。

会走路的鱼

有脚的鱼

2004 年 7 月，芝加哥大学的古生物学家尼尔 · 舒宾（Neil Shubin）终于在北极找到了他寻觅十载的东西。一条在岩层中沉睡了 3 亿 7500 万年的鱼。它有鳄鱼一样扁平的头颅，可以灵活转动的脖颈，还有可以在泥里爬行的胸鳍，肌肉发达到足以做俯卧撑，几乎能说是原始的腿。这个怪物被命名为提塔利克鱼（*Tiktaalik*）。

真正的科学理论不仅能解释现有的东西，也能预言未来的东西，在 3 亿 8500 万年前的岩石里有许多种鱼的化石，3 亿 6500 万年前的岩石里，则有许多种两栖动物的化石。根据进化论的预言，我们应该能在这两个时代，两类生物之间发现一个过渡的环节。科学家们去找了，发现了 3 亿 7500 万年前的有腿、会走路的鱼。达尔文再次证明了他的英明与正确。

不过，为什么是达尔文？他说我们是猿猴的后裔，固然惊世骇俗，但还不是绝无仅有。你在生物课本上能看到让 · 巴蒂斯特 · 拉马克（Chevalier de Lamarck）这个名字，“生物学”（biology）一词就是他创造的，早在达尔文的名著《物种起源》

出版前 50 年，他就提出了生物进化的概念。

拉马克相信，“用进废退”是生物进化的动力。多用的器官就会进化，不用的则会退化。提塔利克鱼苦练走路，锻炼肌肉，它的鳍就会进化成腿。长颈鹿伸颈去够树叶，脖子就会进化到两米长。这样拉马克甚至考虑过，如果猿练习直立，也许会进化成人。

有一个美国老笑话，准确地表达了拉马克的观点：有人养了一条大马哈鱼，懒得换水，就教它呼吸空气。他把鱼从桶里拿出来，让它离水几分钟，然后是几小时，接下来延长到几天。后来，这个活宝完全适应了陆地生活，像狗一样，跟在主人后边。后来有一天，发生了不幸：它掉到了河里，倒霉的大马哈鱼忘记了怎么游泳，淹死了。

我们每天都看得见无数熟能生巧的例子，肌肉要锻炼才强健，脑子越用越灵活。这样看来，拉马克似乎很有道理。但我们都知道，演化是缓慢的，从鱼鳍到腿，历经 3 亿 7500 万年。一条鱼锻炼一下，马上满地跑，这种事只能出现在笑话里。

对此，拉马克回答说，在一代鱼（或者长颈鹿或者猿）的生命里，锻炼只能造成微小的变化，而这些变化会遗传给子女，它的子女继续锻炼，在父母的基础上增加一点点。这样，经历漫长的时间，积土成山，鱼鳍会发生巨大的变化，而猿也可以变成人。

锻炼加强的那些特征，可以遗传给下一代，这种观点被科学家称为“获得性遗传”。鱼爸鱼妈的鳍经过锻炼，鱼儿子一生下来也会有强壮的鳍，在今天看来，这种想法可能很荒唐，但在现代科技破解遗传的秘密之前，大多数学者都接受获得性遗传的观点，其中包括达尔文的祖父伊拉斯谟·达尔文（Erasmus Darwin），顺便提一句，达尔文一直认为拉马克抄袭过伊拉斯谟的观点，还为自己的爷爷愤愤不平。

倒霉的蟾蜍

在拉马克生前，“用进废退”的思想并没有引起太多注意。直到达尔文出版了阐述进化论的名作《物种起源》，才掀起轩然大波，达尔文的反对者把拉马克的观点翻出来，作为和达尔文交战的武器。

保罗·卡默勒（Paul Kammerer）就是其中之一。他养了一种叫产婆蟾（学名 *Alytes obstetricans*）的蛤蟆。蛤蟆是体外受精的动物。雌蛤蟆产卵的时候，雄蛤蟆会抱住它，把精子撒在卵上。蛤蟆在水里特别滑，所以雄的水生蛤蟆脚底都有粗糙的肉垫，叫做“婚垫”（nuptialpad），以免在拥抱的过程中滑脱。

产婆蟾是在陆地上生活的，没有这一器官。然而卡默勒很不讲蛤蟆权，把产婆蟾养在水里。养了几代产婆蟾之后，他激动地宣布，我让旱地蛤蟆的脚上长了婚垫！卡默勒得意地表示，产婆蟾靠着锻炼得到了婚垫，这说明拉马克是正确的。虽然一块垫子算不上精巧的器官，毕竟也是一个“用进废退”的特征啊。

这个发现引起巨大的反响，最后却有个可笑又可哀的结局。有的科学家做了同样的实验，却无法培育出带防滑垫的蛤蟆，检查卡默勒的产婆蟾的要求总是遭拒，这引发了怀疑。甚至有人发现，卡默勒用注射器在蛤蟆脚上打墨水，让蛤蟆皮上肿起黑色的一块，然后称这是“用进废退产生的防滑垫”。最后卡默勒竟以自杀结束生命，我们无从知道他是不是出于对欺骗行为的悔恨，但他显然是承受了很大的心理压力。

这样看来，“用进废退”的观点相当可疑。达尔文的支持者奥古斯特·魏斯曼（August Weismann）把老鼠的尾巴砍掉，再把它们生的小老鼠尾巴砍掉，这样重复了22代，老鼠还是坚持不懈地长出尾巴。他因此提出，动物在生活中获得的特征，不能遗传给下一代。断尾的老鼠不会生断尾的小老鼠，小鱼也不会继承爸妈强壮的鳍，一个我们更熟悉的例子是，即使很多代裹小脚，中国的小孩生下来依旧是天足。

在卡默勒的时代，科学家还不知道让鱼长鳍，让蛤蟆长婚垫，并且保证鱼鳍和婚垫传给下一代的东西是什么。这个问题的答案要等到科学更加进步的时代才能揭开。

厨艺高超的基因

广受欢迎的科普作家理查德·道金斯（Richard Dawkins，成名作是《自私的基因》）曾说过，基因是生命的蓝图，这个比喻也许动听，但它离事实其实很远。

蓝图，不管是房子的还是汽车的，都是一（多）幅图画，和它所制作的东西是“一一对应”的，你可以在画面上指出哪里是檩子，哪里是椽子。

基因不是画，如果非要用比喻的话，和它最像的东西也许是菜谱。这部菜谱写的是制造蛋白质的方法。蛋白质既是构成身体的砖瓦，也是搭建身体的工人，基因借此创造出活生生的生物。

菜谱长得既不像动物饼干也不像葱爆羊肉，和菜肴糕点也没有严格的对应关系。如果你改动菜谱前面的字，比如放多少糖，结果不是摆在前面的几块饼干变化，而是所有饼干的味道都改变了；如果你改动最底下的字，比如烘烤的温度，饼干的最顶上一层会变黑。同理，鱼的基因长相并不像鱼，人的基因也不像人，并不会从头到脚，整齐排列出一个人形来。有些基因的作用波及全身，有些基因只管一小块地方。

1953年，物理学家弗朗西斯·克里克（Francis Crick）、生物学家詹姆斯·沃森（James Watson）与莫里斯·威尔金斯

（Maurrice Wilkins）共享诺贝尔生理学或医学奖。他们证明，在生物遗传中，最重要的化学物质是DNA，并发现DNA分子的形状是双螺旋状，或者说“麻花”。生物学从此迈进了一大步。

今天，“DNA”、“基因”和“遗传”三个词可以说是鼎鼎大名，妇孺皆知。但你可能没有想过，你不能说DNA就是基因。DNA是物质，基因是菜谱，也就是说，是信息。“书”指的是一大堆纸和一点油墨吗？基因与DNA的关系，犹如书中的信息与材料的关系。如果你有一堆纸，你可以在上面印随便哪本书，如果你有一堆DNA，你可以在上面写出鱼、人、蛤蟆的配方。

信息的特征之一是流动性，可以从一种载体流到另一种载体，书的内容可以扫描进电脑里，也可以在登载在纸片上。基因也不例外，在制造生物的时候，基因之中蕴含的信息从DNA流动到蛋白质上，现代科技甚至允许我们把基因的内容输入电脑，让它变成写在芯片上的信息。

14 官僚主义的DNA

克里克、沃森和威尔金森在发现DNA双螺旋结构的同时，还提出了另一个伟大发现，它有个很厉害的名字：“遗传学的中心法则”（Genetic Central Dogma）。

它的原理非常简单：基因里的信息流动是“单向”的。也就是说，基因里的信息能传给蛋白质，而蛋白质不能把信息传给基因。

生物的身体造成之后，就再也不能把信息交给基因，这就导致它无法命令基因去做任何有“意义”的事。3亿7500万年前，提塔利克鱼被凶恶食肉鱼追杀的紧急时刻，身体和基因的对话可能是这样的：

身体：救命！前面没水路了！

基因：……

身体：请修改配方，加入制造腿的基因！

基因：……

身体：尾尾尾尾巴被咬咬咬咬咬住了！

基因：……

身体：完完完完完……完……蛋……了……

基因：……

不管鱼在泥淖里如何苦练身体，基因仍然是八风吹不动端坐紫金莲，不会根据身体的需求，产生腿的配方。根据中心法则，身体“上访”基因的这条路根本就没开通。

如果基因是蓝图，这种“一言堂”的场面也许还能改变。假设远古时期的鱼基因是一张袖珍鱼画，有脑袋、心脏和鱼鳍,并精确地一一对应。如果提塔利克鱼想要锻炼出强壮的鳍，蛋白质可以找到图纸上“鱼鳍”的一部分，把更加强壮的鳍写进蓝图，流传后世。

然而基因是菜谱，生物是饼干，动物身体的变化，无论是锻炼出更多肌肉，还是被切掉尾巴，都很难反馈到单一的基因上。精确地按照身体的变化修改基因是不可能的。生物按照基因菜谱烹烧好之后，不管是被吃掉、放凉了还是馊了，都不会使菜谱发生相应的变化。

达尔文的观点

这样说来，基因好像是铁板一块、一成不变的，跟魏斯曼的观点比较相符。但是，如果生命的配方永远不变，鱼永远不可能长出腿，进化也就不可能发生。既然锻炼不能改变鱼的基因，走路的能力又是如何出现的呢？

基因确实会改变，但是，并非蛋白质给予的有价值的信息，而是随机的变化，也就是我们所说的“基因突变”。比如紫外线辐射，会把DNA分子打坏。太阳晒多了，会增加患皮肤癌的概率，就是因为防止癌细胞产生的基因出了错误。

有些生物的基因，甚至是一本活页菜谱，可以随时变更。细菌经常从别的细菌身上，甚至死细菌身上获得新基因，来丰富自己的配方。科学家把这称作细菌的“性”（在细菌的世界里，“性”和“繁殖”是没有什么关系的）。细菌随时可以得到新的配方，这使它们之间的基因流动非常快，也使人类非常头痛。细菌很容易产生抗药性，因为一个细菌获得了不怕杀菌药的基因，它可以把这个配方传递到四面八方。

基因突变是配方的变化，制造出的生物体，也可能产生变化。如果突变发生在用于繁殖的细胞（例如精子和卵子）里，就会传给下一代，使后代变得不同。如果这个不同碰巧是对适应环境有利的，比如住在泥潭边的鱼长出健壮有力的鳍，让这条鱼可以在生存竞争中取胜，繁殖更多的后代，把新的配方传播开来。在新一代的鱼里，碰巧又产生了新的基因突变，在前一代的基础上，让鳍变得更适合走路，这些“精益求精”的鱼又成为胜者，繁殖自己的后代……积土成山，基因菜谱上“美丽的错误”不断积累，最后形成今天的腿。

这就是达尔文的自然选择理论。它解释了一切复杂、精致的东西，从蛤蟆的腿到人的脑子，如何从零开始，在自然界产生出来，不需要“造物主”。

尾声

虽然在前文里，我把卡默勒说得像个骗子——这并不公平。也有一种观点认为，他虽然在一些蛤蟆上做了假，但“产婆蟾事件”并不全是一场闹剧。卡默勒可能真的得到了几只长着婚垫的陆生蛤蟆。不过，他并不是通过拉马克的方法。

基因这本菜谱（当然）很长，你不是随时都要用到全部信息。你甚至可以在菜谱里找到你几亿年前祖先的信息。直到今天，鱼的配方仍存留在人的基因里（一个月大的人类胚胎有类似鳃的裂缝，还有尾巴）。产婆蟾虽然没有防滑垫，但它的祖先是水生蛤蟆（更早的时候，也是鱼），它的基因里还保留着制造出婚垫的能力（当然，不是一幅画着婚垫的小蓝图）。

卡默勒把产婆蟾泡到水里，因为没有防滑垫，蛤蟆的繁殖也就变得很难。这时如果有一只基因突变的产婆蟾重新启用了祖先的基因，长出了婚垫，它就会成为许多小蛤蟆的父亲，把婚垫的特征遗传下去。这是一个进化的过程，不是拉马克的“用进废退”，而是达尔文的“适者生存”。蛤蟆之所以进化出婚垫，不是因为它们多么努力，而是因为没有婚垫的蛤蟆在繁殖中被淘汰了。

卡默勒觉得实验结果不够“惊人”，索性用墨水“制造”更多有婚垫的产婆蟾，这才搞臭了自己的名声，其实这个实验是有些价值的，只是不能证明拉马克的正确性。斯人已逝，我们也许再找不到充分的证据来揭露事情的真相，但这个推理过程是合理的，产婆蟾事件旨在“打”达尔文的“脸”，没想到反而证明了达尔文是对的。

多识鸟兽草木之名

天生的生物学家

1928 年，年轻的生物学研究者恩斯特·迈尔（Ernst Mayr）来到新几内亚的塞克劳珀斯山考察鸟类，这是一次冒险般的活动，他往来于密林之间，与当地好战的原住民共同生活。在这次旅程中，迈尔一共识别出 137 种鸟，令他意外的是，当地人能认出 136 种鸟，与专业的科学家不相伯仲。我们经常把原始部落中生活的人，当成愚昧的“野蛮人”，其实在某些方面，他们是伟大的“生物学家”，世界各地靠着狩猎、采集为生的人，都能辨认成百上千种动物、植物，而且跟经过科学证实的分类法，有惊人的一致性。

猎人与科学家能够不谋而合，分辨不同种类的鸟兽草木，说明在生物世界里，物种和物种之间有着分明的区别。但这根据达尔文进化论，生物总在变化之中，或者进化为其他物种，或者干脆灭绝。如果“物种”这个概念，从根本上就是变动不居的，我们怎么能指望不同种类之间泾渭分明呢？

迈尔探险归来后成为一名动物学家，并重新定义了“物种”的概念：凡是在自然条件下可以交配，生育后代的两群生物就属于同一个种。这样，物种与物种之间就有了鲜明的界线，帮助我们解开了这个谜。

不同的物种不会彼此混血，原因多种多样：可能是被地理屏障，比如高山、海峡隔开了；也可能它们对"异类"提不起兴趣；也可能是精子和卵子无法结合，或者结合了，产生的后代却像骡子一样不育。不管界线如何，不互相杂交才是重点。

农夫和育种专家早就懂得这个道理，培育良种的家畜或者农作物，不管是斗牛犬还是草莓，都要注意保持血统的纯正，不跟其他品种杂交，否则这个品种独有的特征就会消失。家养的动物和植物，可以在同一个物种内，培育出千奇百怪的品种：斗牛犬和吉娃娃一点也不像，斑点狗和藏獒也完全不同。有些出售猛犬的商业机构称它们的藏獒是由"来自喜马拉雅的远古猛兽"进化而来，所以比普通狗优越。这当然是谎言（所有狗的先祖都是狼，"狗"甚至不是一个物种）。但这至少能说明，"不杂交"的界线，可以在藏獒和吉娃娃之间创造出巨大的差异。

在自然界中，两群动物（或植物）有"不杂交"的界限，就可以分道扬镳，进化成完全不同的物种。天南海北的人都能看出这些不同，迈尔和新几内亚原住民都能分辨出一百多种鸟，因为不同的鸟"物种"之间的界线是客观存在的。

指猫为狗

在给众生命名时，科学家不愿意跟普通人使用同样的语言，我们经常可以在讲生物的书籍上看到一长串奇怪的斜体外文，旁边写着"学名"。比如霸王龙叫做 *Tyrannosaurus* rex，我们人类叫做 *Homo sapiens*。学名不是用英文，而是拉丁文写成的，这不是为了卖弄学问，而是科学家的工作必需。科学要保证准确性，给每一种生物一个独一无二的名字，不管谁说起这个名字,全世界的人都知道他指的是什么。而民间俗名，往往不能达到这个目的。

有时一个生物可能有多个名字,比如,马铃薯、土豆、洋芋、薯仔、山药蛋都是指同一种蔬菜。还有时候，同一个名字的含义可以包含不同的物种,现代汉语词典对“狸”的解释是“豹猫”,一种猫科动物;日文的“狸”,是指一种长相滑稽的小动物,属于犬科。哆啦A梦不愿意别人说他是“狸”,因为他是机器猫,反对指猫为狗。如果他是一只中国猫，就没有这个问题了。

解决办法就是给每种生物一个独一无二的拉丁文名字。学名分为两段,前半段是“属名”,表示这个物种属于哪个小类,后半段是“种名”，代表这种生物属于什么物种。

拿霸王龙来举个例子：

Tyrannosaurus 是属名，意思是“残暴的爬行动物”。

rex 是种名，意思是“王”。

如果单说 *Tyrannosaurus*，就是霸王龙所归属的这个属，中文译名“暴龙”。

学名是生物学家的“通用语”。正如同全世界的数学家都认识 1234，物理学家都知道 kg 和℃，世界上所有的生物学家看到 *Tyrannosaurus rex*，都知道这是霸王龙，而且只能是霸王龙。

植物学王子

拉丁文学名是两个半世纪以前，瑞典植物学家卡尔·林奈（Carl Linné）首创的，除了给物种命名，他还致力于给它们分门别类,这是一个更艰巨的工作。“物种”是客观存在的,但“物种”以上，更大的分类单位都出于人为规定，所以更容易混乱。在林奈的时代，河狸因为尾巴上有鳞片，曾经被归为鱼类。

天主教徒在星期五要斋戒，不许吃兽肉，如果河狸是一种“鱼”的话，就可以列进菜单了。

如果把生物世界比喻成一棵树，叶子和叶子之间的界限是清楚的，但树枝不然，你很难确定哪一根树枝是大枝，哪一根是小枝。自然界并没有天生的壁垒来隔离不同的生物类别，所以林奈的功勋格外卓著。他的分类法发明后，不管我们发现了什么稀奇的生物，都可以整齐归类，像图书馆里的书一样。林奈一点都不谦虚地说，上帝创造了众生，而我把它们归类，我的碑志铭应该是“植物学王子”（拉丁文是 Princeps Botanicorum）。

林奈的分类法是多层式的：大箱子套小箱子，最大的箱子是域（英文 Domain，实际上，这个特大单位是林奈过世后很久才创造的）。我们按照大小顺序数，然后是界（Kingdom），再往下是门（Phylum）、纲（Class）、目（Order）和科（Family），再往下是学名里会出现的属（Genus）和种（Species），一共 8 层。

例如，霸王龙属于：

真核生物域（Eukaryota）
 动物界（Animalia）
  脊索动物门（Chordata）
   爬行纲（Sauropsida）
    蜥臀目（Saurischia）
     暴龙科（Tyrannosauridae）
      暴龙属（Tyrannosaurus）

我们对分类并不陌生，逛超市的时候就可以见到，服装部下面有女装部，女装部下面又有各品牌。科学家所用的分类法，只是比商店层次多一点而已。跟生物分类最像的，可能是军队的编制，军下面有师，师下面有旅，往下还有团、营、连、排、班，也是 8 层。

世界属于微生物

虽然林奈自称王子，他首创的分类学，却远谈不上完美。生物分类经历了好几次巨大的改变。起初，所有生物被分成动物界和植物界,但细菌显然不属于任何一类。但如果分为动物、植物和细菌呢，很快又有人发现，蘑菇像动物多于像植物（蘑菇的细胞壁，成分和虾壳相似）。于是，在动物、植物和细菌之外又加了真菌界（蘑菇）和原生生物界（变形虫和一些藻类）。

美国生物学家卡尔 · 沃斯（Carl Woese）发现，一些能适应低氧、高温环境，生命顽强的微生物，虽然外表跟细菌很像，但其实根本不是细菌。基因测试显示，早在 38 亿 ~36 亿年前，它们就和细菌分开了，比人类和霸王龙的关系要远得多。沃斯把它们称为古细菌（Archaeobacteria）。

1976 年，沃斯做了一个勇敢的决定：重新划分生物世界。他在“界”之上设立了“域”，现在最大的分类单位，除了我们已经看过的真核生物域（Domain Eukaryota）之外，还有细菌域（Domain Eubacteria）和古细菌域（Domain Archaebacteria），沃斯把这 3 个域之下的生物，又划分成二十多个界，绝大多数都是单细胞微生物。在巨大的生命树上，我们熟悉的动物界和植物界，只是两个可怜的分枝罢了。

迈尔认为，这种分类法对微生物太偏心了。不过，沃斯至少能告诉我们一件事：肉眼可见的生物，只是生物世界的一小部分而已。这世界上更多的秘密潜藏在显微镜下。我们对微生物世界的了解，一般而言已经很多了。微生物教科书能记载几千种细菌。20 世纪 80 年代，挪威的科学家乔斯坦·高克斯尔（Jostein Goks φ yr）和维格迪斯 · 托斯维（Vigdis Torsvik）在森林和海边各挖了 1 克泥土进行 DNA 分析，保守估计这两小撮土里各自含有 4000~5000 种细菌。

大发现时代

心理学家弗朗克 · C. 凯尔（Frank C. Keil）做过一个搞笑的实验。他问小孩，如果把茶壶的嘴锯掉，在里面装上鸟粮，它是茶壶还是鸟食罐？小孩一般会说是鸟食罐。如果把一只浣熊染成黑白相间，再缝上一个很臭的袋子，它是浣熊还是臭鼬？小孩就会坚持说浣熊，不管浣熊打扮得如何像臭鼬，它都不可能变成臭鼬。人似乎有一种天生的概念：浣熊就是浣熊，臭鼬就是臭鼬。

我们对客观存在的“物种”非常敏锐，而且对生物分类有着特殊的兴趣。这似乎是进化的结果：人类必须知道什么生物可以吃，什么生物会吃我，什么生物吃了会死。不仅仅新几内亚的猎人是生物学家，每个人都是天生的生物学家。这也许可以解释为什么林奈会致力于成为“植物学王子”，为什么迈尔跑到新几内亚观鸟。一个有趣的猜想是，全世界的人普遍对花感兴趣，植物的生殖器官竟成了识别植物种类的最佳依据之一。林奈研究植物分类的时候，就对花情有独钟，他把雌蕊比喻为女人，雄蕊是男人。

林奈的时代，欧洲国家向外扩张，西方科学家借此机会探索“新大陆”的生物世界。今天已经没有大陆可供发现，但生物学家的探索还远没有结束。我们已知的生物大概在 140 万 ~180 万种之间，其中绝大多数都没经过详细研究，这世界上的物种总共有多少，谁也不知道。

人类比较了解的生物中，最多的是昆虫。昆虫最多的地方是热带雨林。美国的生物学家特里 · 欧文（Terry Erwin）做了一个简单粗暴的实验。他来到巴拿马的热带森林里，用杀虫烟熏了几棵树，把树上掉下来的死虫子全都接住，检查一番，结果光是甲虫就有一千多种。欧文估计，世界上全部热带雨林里的全部节肢动物（包括昆虫、蜘蛛、蜈蚣等）大概有3000万种。后来生物学界认为这个数字过于夸张，把它缩小为500万~1000万种。

即使是个头大又引人注目，人类（自以为）已经了解很多的生物，也不时“爆出”新闻。东非的维多利亚湖是个很好也很糟的例子：这个湖盛产丽鱼科的鱼，已经命名的大概有300种，依然还有许多科学家都尚未了解的物种。为了发展渔业，维多利亚湖引进了尼罗河尖吻鲈（学名*Lates niloticus*），这种鱼体形硕大，比丽鱼经济价值高，但它们是凶猛的食肉动物，最喜欢吃丽鱼。科学家只来得及（有时甚至来不及）在尖吻鲈把丽鱼鲸吞殆尽之前给它们命名，不让它们默默无闻地死去。

我们不用费力寻找“新大陆”，这世界上未知的东西太多了。从坏的一面想，这一事实告诉我们，保护生物的多样性，尤其是那些物种最丰富的地方（热带雨林、热带珊瑚礁等）是多么艰巨的任务。从好的一面想，我们永远也不会无聊，这世界上充满了可以命名、可以描述、可以研究的新东西，在地球上，人类可以一直有事干。

万物兴歇皆进化
——衰老与寿命的进化

世界上第一部文学作品，两河流域的史诗《吉尔伽美什》，是一幕一位恐惧死亡的君王，寻找不死药，历经艰险并最终失败的悲剧。寻求长生，逃避死亡，可以说是深植于人类文化根基的普遍主题。从古至今，无数追求“不死”的尝试都失败了，是谁决定了我们会衰老和死亡？是神的旨意，还是宇宙运行的原理？我们能找到答案吗？

高堂明镜悲白发

衰老有许多征兆，而其中最准确，也是最冷酷的征象是出现在统计学的图表上的死亡率。

人类的死亡率遵守“先降后升”的规律。刚出生的孩子是很娇弱的，毫不奇怪，婴儿的死亡率比较高（在卫生条件不佳的地区，是非常高），随着逐渐长大，死亡率逐渐下降，在10~12岁达到最低点。然后死亡率就开始回升，而且速度相当快。

19世纪，爱丁堡的精算师本杰明·冈伯茨（Benjamin Gompertz）发现了一个奇怪的规律。每过一段时间（平均而言是8年，实际可能在7~11年之间），死亡率就提高1倍。非常准确，不论是和平年代的工业社会，还是“二战”的集中营，都遵守这个规律。虽然在艰苦的条件下，同年龄的人其死亡率可能要高上几十倍，但随着年龄增长，死亡率上升的速度却是惊人的相同。

为了说明这个死亡率上升的道理，数学家卡尔·夏普·皮尔森（Karl Sharpe Pearson）让他的夫人玛丽·夏普·皮尔逊（Maria Sharpe Pearson）画了一幅画，题名《生命之桥》（*The Bridge of Life*），桥上排列着从婴儿到老人，不同年龄阶段的人，桥下的死神们用各种武器对准他们，随着人的年龄增长，死神的武器越来越精锐，从弓箭、老式机枪一直到温彻斯特连发步枪。

死亡率提高的现象说明，除了病菌、污染和交通事故，有一个致命的因素一直稳定地存在，把我们推向死亡，这个盘旋在我们头上的恶神就是衰老。不论你在何时何地，幸与不幸，衰老都是公平的，它总是要找上你。

随着时间的推移，死亡率按照指数（翻倍）增长，这就导致一个让人不快的现象：你越老，你庆祝下一个生日的可能性越渺茫。30 岁的人，几乎肯定能活到 35 岁，但百岁老人活到 105 岁的可能性，即使在医疗条件良好的那些国家，也只有 3%。

白纸上看到的数字轻飘飘的没有分量，如果不知道那些很老的老人的死亡率是以多么惊人的速度攀升，我们会很容易认为，既然有人寿及百岁，那么 150 岁也不是完全不可能的。一位英国农民托马斯·巴尔（Thomas Parr），曾声称自己寿达 150 岁，他成了大明星，搬到伦敦过着优越的生活，还被皇室召见。巴尔于 1635 年去世，他的身体（当然）不像活了 150 岁的样子，即使当时最棒的医生，科学史上的大人物威廉·哈维（William Harvey），也没有怀疑巴尔是个骗子，只是责怪他大吃大喝，把身体搞垮了。

今日的吉尔伽美什，不该遇到很多灾祸和怪物，却应该遇到很多骗子。巴尔的伎俩一直长盛不衰。厄瓜多尔有一个名为维卡邦巴（Vilcabamba）的小镇，20 世纪 70 年代，医学专家来这里考察，很多老人声称自己活到了百岁，最老的有 142 岁。这个地方迅速走红，经济大振，还有人投资要盖饭店。后来对维卡邦巴人的骨骼检查发现，百岁老人都是假的。某个穷乡僻壤发现“长寿老人村”的新闻，一直层出不穷，在中国也有——毕竟这么做有利可图。

“死亡率八年翻倍”的原理，可以让我们避免被数字哄骗。因为死亡率的上升，在一个社会里，老人的数量应该随着年龄增长不断减少，越老的人越稀罕，这个稀罕的程度，很可能超出你的预料——百岁老人在新闻上占不到多大版面，105 岁老人过世能使举国轰动，有可靠记录活过 120 岁的人，古今中外，只有法国的珍妮·露易斯·卡尔芒（Jeanne Louise Calment）女士一人而已（享年 122 岁 164 天）！

如果人口调查员发现，哪个地方的数据里，某一年龄阶段的老人异常多（维卡邦巴的人口只有 800 多，“百岁老人”却有二十几人），就知道他们在撒谎了。这叫“年龄堆积（ageheaping）”。哈佛大学和爱荷华大学的动物学教授，史蒂文·N. 奥斯泰德（Steven N. Austad）开玩笑说，长寿的秘诀就是，文化水平要低，人口统计资料要烂。奥斯泰德是个很棒的科普作家和研究者，我们以后还要提到他。

今人不见古时月

生物学和老年医学的专家罗杰·戈斯登（Roger Gosden）记录了一个 102 岁老人的死亡病例。这个不幸的人死于坏疽，他还得过流感，血管、腺体都有病变，结肠里有肿瘤。这样老的人很难确定死因，因为老人身上的病状太多了。衰老不仅是皮肤干皱和头发花白，它是所有生化反应和组织器官的集体失控，其现象之繁多和复杂，大概只有庞大帝国的势微能与之相比。

所有皮肉脏器都手拉着手共同走向衰退，听起来很可怕，但合乎经济原理。如果全身器官以不同的速率衰老，比如免疫力已经很差，但血液循环良好，会造成很大的浪费。拥有强健的血液循环系统，死于坏疽的可能性会降低，但要是被衰弱的免疫系统拖累（如死于流感），这套格外健康的功能就浪费了。构成木桶的木板应该一样长。

进化压力塑造的身体，以严格的平均主义维持每一个器官的有限寿数（有一个例外，后面会提到）。19 世纪的美国医生奥利弗·温德尔·霍姆斯（Oliver Wendell Holmes）写过一首打油诗，讲一辆极其完美的马车，老旧之后突然散架，像肥皂泡破掉一般。因为每个零件都一样出色，它们只能“一起”崩溃，所谓善终不过如此。

霍姆斯的马车给我们的教训是，不应该寻找单一的衰老病因，寄希望于解决了它就能解决一切。在科学史上，这种寻找单一“不死药”的尝试并不少见。我们太害怕死亡了，把一切长生不老的“秘方”、谣言、骗局，都当成救命稻草。

法国生理学家布朗 - 塞加尔（Brown-Séquard），相信在动物的生殖器官里存在能使人强健的物质。他用狗和豚鼠的睾丸提取物给自己注射，认为这样能返老还童。他的药方很快风靡世界。医生们很快发现，“不死药”毫无疗效，但他们没有停止尝试。随着外科手术水平的提高，有人尝试把动物的生殖器官移植给人，希望它们在人体内产生“不死药”。美国人约翰·罗慕路斯·布林克利（John Romulus Brinkley）甚至开了一家诊所，专营这种手术。今天我们知道，因为排异反应，缝在人身上的动物器官都会变成一团腐肉。

众所周知，生殖器官会对生物的成长发育，产生巨大的影响。布朗-塞加尔相信它里面存在“神秘物质”，按照当时的科技水平而言，这个想法其实是很高明的。他要找的东西我们今天都认识：性激素。但是，他对性激素的作用理解完全错误（今天犯这种错误的人也不少）。如果他寻找的不是“不死药”，而是让男人长胡子、公牛长角的东西，布朗-塞加尔会被奉为具有超前思想的科学家。

人生飘忽百年内

在我们精确测量过的动物里，最高寿者是班戈大学（Bangor University）的海洋学家在冰岛捞起的一只北极圆蛤（学名 *Arctica islandica*），他们根据中国的朝代，给它取名“明”。根据在2013年的估算，阿明寿达507岁。除了长寿，蛤蜊最明显的特征就是长得慢，阿明不到你手掌的一半大，一年只长0.1厘米不到。

观察长寿的动物，很容易让你得出一个结论，它们的生命好像慢放的电影，新陈代谢慢，发育慢，心跳慢。反过来，短寿的动物就是“快进”。最早开始研究这个现象的是德国的生理学家马克斯·罗勃纳（Max Rubner），他比较了5种哺乳动物的新陈代谢，发现寿命不同的动物其一生需要的食物量惊人的相似。这意思不是说马和猫吃饭吃得一样多，而是说，在猫的一生里，每千克体重消耗的能量，跟马的一生里，每千克体重消耗的能量，是差不多的。猫的寿命比马短，但它的新陈代谢更快，肚子饿得也更快。

美国人乔治·塞契尔（George Sacher）在罗勃纳的基础上，进行了涉及几十种哺乳动物的更详细的研究。他的结论相当简单：新陈代谢的快慢决定寿命的短长，新陈代谢越快，生活节奏越快，死得越快。塞契尔的发现，经常被解释为所有哺乳类动物一生的心跳次数是一样的，大象的心跳每分钟30次，老鼠则有300次。

我们有理由怀疑快速的新陈代谢可以让动物早死。生命运转需要氧气，但氧气对细胞也是有害的。所以补品和化妆品都会宣传自己“抗氧化”（几乎都是假的）。身体利用食物和氧气产生能量，同时也会产生叫做“自由基”的分子，自由基会破坏周围的分子，使细胞受损。许多严重的疾病，例如动脉硬化、癌症、白内障，都和自由基的毒害有关。老鼠的新陈代谢快，需要的氧气多（当然，是指同体重的老鼠和大象，比如十万只老鼠和一只大象），自由基的毒害也更重，所以不能长寿。

这个理论有它简洁的美感，而且它让人想到一件高兴的事儿，动作越慢寿命越长，龟寿百年，懒鬼最长寿。运动需要细胞生产能量，同时也会产生自由基。另一件事就不那么好了：既然食物也是自由基产生的原因，那么不吃饭也应该添寿。

事实上，科学家已经发现了一个非常简单的长寿法。康奈尔大学的克林·马·凯（Cline Mc Cay）在1935年发表了一篇论文，他给实验室里的老鼠节食，结果老鼠活得更长了。以后，无数的科学家做了相同的实验，得到的结果惊人相似。实验室里的老鼠少摄入30%~40%的热量，生命能延长20%~40%。但很显然这样节食会让人痛苦不堪（老鼠大概也是）。

这使我们想到许多民间故事：一个人生命中的食物与享乐都是有限量的，大吃大喝会短命。这种民间信仰大概会使很多人在面对粗茶淡饭时，感到一点安慰（我喜欢的一个故事版本是，闯王进京之后，因为天天吃饺子，消耗了太多福气，他的王朝很快就被推翻了）。

古来万事东流水

塞契尔的解释具有科学理论的简洁，但它不具备科学理论的另一个特征：放之四海而皆准。鸟类的新陈代谢迅速是出名的，它们的心跳出奇的快，饭量也出奇的大，但鸟类长寿也是有点名气的。笼养的小鸟经常活到十多岁，家鹅有活到50岁的。2016年，一只名为“智慧（Wisdom）”的黑背信天翁（学名 *Phoebastria immutabilis*）在65岁高龄喜获一蛋，刷新了最高寿鸟类母亲的纪录。世界上鸟类的种类大概是哺乳类的两倍，如果说这是科学理论中的例外，那也是个超级巨大的例外。

我们的细胞一直在与自由基做斗争，比如，产生能消灭自由基的酶，否则细胞早就完蛋了。鸟类干柴烈火般的新陈代谢，要对付巨量自由基，那么它抵抗毒害的能力肯定是特别强。人类为什么不能拥有这种厉害的能力呢？

此外，我还得重复前面的话：衰老是发生在整个身体里的事，细胞只是其中一部分。我们要避免布朗-塞加尔的错误——寻找衰老的“唯一原因”。某个细胞长寿并不意味着个体整体的长寿。要是一个普通细胞“永生”了，我们往往称之为癌症。实际上，为了整个身体的顺利运转，一些细胞有时必须死掉。我们常说“伤脑筋”，其实大脑建立新记忆的方法就是削减掉多余的神经细胞。玉不琢不成器。

塞契尔的答案就像是发现人的密度比空气大，然后说“人不能飞，因为物理定律表明他不能飞”。既然那么多动物都会飞，那么飞行肯定是不违反物理定律。飞是动物可以拥有的能力，长寿也一样，既然长寿是可以做到的，为什么自然如此不公平，不让老鼠具有信天翁的寿命，长寿难道不是一种有用的能力吗？

要解释生物世界中关于“用途”和“功能”的问题（如抵抗衰老的功能），达尔文的名字是不得不提的。他最大的功绩是，解释了生物为何会拥有种种奇特的功能和器官，以及这些功能对生物有什么用处。特殊的能力之所以会进化出来，是因为它有利于生物的生存和繁殖，在生存竞争中被自然选择所择中。

讨论进化论，必须要知道的是生存竞争真的很残酷。前面我说过，人工饲养的小鸟可活 10 年，但在自然环境里，大多数生物其实是活不到老就死了。散文家和生态学家奥多·李奥帕德（Aldo Leopold）提供了一个例子：他给 97 只山雀装了脚环，只有 1 只活到了 5 岁，67 只第一年就夭折了。

李奥帕德开玩笑说，他可以借此计算给鸟儿的保险费，我却想借此了解“长寿”这一能力对小鸟的价值。大多数山雀都死于 1 岁，说明致死的原因很多，饿死、冻死、被猫头鹰吃掉，同类相残，感染病菌，等等，而衰老在其中排不到前列。如果一个人花费太多的精力，去担心一种发生概率很低的危险，比如，被陨石砸死，我们称之为“杞人忧天”。如果山雀有智慧，它们会不会觉得担忧衰老是杞人忧天呢？

长寿太诱人了，以至于我们很容易忽视这样一个事实：对自然选择而言，长寿不一定是有价值的。首先开始思考这个问题的是遗传学家约翰·伯顿·桑德森·霍尔丹（John Burden Sanderson Haldane）。

有一种名为亨廷顿舞蹈症（Huntington's disease）的致命遗传病，一般在人 30~50 岁时发病。这种病的概率，在欧洲人里大概是 15000∶1，听起来不多，但在遗传病里算是出奇的常见。霍尔丹提出，这种病之所以多见是因为它的发病太晚了，患者逝世之前已经有了孩子，这种病的基因，也就可以平平安安溜到下一代。亨廷顿舞蹈病虽然很厉害，自然选择却一直不能把它淘汰掉。如果亨廷顿舞蹈病的发病时间是 20 岁，病人会因为它早夭而无法留下后代，病变的基因就会绝种了。

1960 年的诺贝尔生理学或医学奖（为了表彰他对移植器官排异反应的研究成果）得主，皮特·梅达沃爵士（Sir Peter Medawar），在霍尔丹的基础上更进一步，终于解开了动物“为什么”会衰老的谜题，奥斯泰德说，这个成就比梅达沃的诺贝尔奖更伟大。

进化的目的并不是让我们活得舒服，而是让我们成功地繁殖，把基因传到下一代，并让他们舒服地、充满活力地活着只是这个过程的副产品。那些让我们健康地生活、抵抗衰老的基因（比如制造一种酶帮我们消灭自由基），如果在年龄很小的人（动物）身上发挥效果，对我们的繁殖帮助会很大，很显然，早夭就不能生育后代了。如果它们等到人（动物）年老才开始工作，那效果就微乎其微。它的宿主很可能已经不会繁殖，也很可能死于饥饿、疫病或者别的原因。

一个让 5 岁的山雀身体健康的基因，就算能把小鸟变成无敌铁金刚，对它的益处也是微乎其微。因为野生山雀活到 5 岁的可能性本来就微乎其微。不过，对于 5 岁的人或者北极圆蛤，事情就不同了。不同的生存方式，导致不同种类的生物，面对生命危险的可能性也不同。比起人，山雀的生活是很危险的，时刻活在猫、蛇、鹰、隼的追捕和饥寒交迫中。我们的生活要安逸得多，许多人都能活到 5 岁，所以一个让人在 5 岁时不衰老的基因，还是很有用的。同理，北极圆蛤住在温度恒定，几乎没有捕食者的深海中，又有外壳保护，足以 500 年不遇到致命的意外，能让它在 500 岁时保持健康的基因，也是有价值的。

于是，我们得到两条结论：

（1）在生物年轻时，自然选择会保持让我们健康的基因，剔除对我们有害的基因，但在年老时，这种选择的力量就很弱了。

（2）越是生活艰难困苦的生物，越容易因意外而亡，对于它们来说，在老年时身体强壮没什么意义，因为它们很可能在活到一定的岁数（5 岁或 500 岁）之前就死于外因。

简单（但不是那么准确）地说，生于安乐，死于忧患！

另一位生物学家乔治 · C. 威廉姆斯（George C. Williams）给梅达沃的答案锦上添花（也可能是雪上加霜，因为他的理论实在是冷酷），我认为威廉斯和梅达沃一样聪明，顺便一提，他也是了不起的科普作家。他提出一个猜想，也许自然选择对年老的动物，不仅“冷漠”，而且“残忍”。它不仅不支持那些让老人强健的基因，还可能会鼓励那些让老人更加虚弱的基因。

威廉斯做了一个假设，如果有一个有利于钙沉积的基因，对年轻人，它可以让骨头长得结实，但在老年，它会让血管钙化，造成致命的动脉硬化。那么自然选择会喜欢这个基因吗？会喜欢的。年轻时候身体健康，对繁殖有很大的益处，年老时吃苦头，对生儿育女的影响就微乎其微了。

虽然这个基因只存在于猜想中，但在逻辑上是完全合理的：让我们年轻时强壮，老迈时衰朽的基因，自然选择会垂青它。虽然它对老人的生活很残忍。少年听雨歌楼上的时候应该想到，我们是不是在吃老本。

绿珠楼下花满园

自然选择不仅仅是课本上的理论，也是活生生围绕着我们的现实。针对寿命的自然选择也一样。在加州大学研究果蝇的学者迈克尔·罗斯（Micheal Rose），做了一个非常简单，然而成果斐然的实验,他只留下年老的(超过3星期)果蝇产的卵。只有老当益壮的果蝇才能繁殖,这时,在晚年仍然维持健康的,突然具有了进化上的优势。老当益壮的儿子又生老当益壮的孙子，经过15代的选择，最长寿的果蝇已经延寿30%。

在自然界里，发生着更大的“实验”，奥斯泰德选择了北美洲负鼠（学名 *Didelphis virginiana*）来验证梅达沃的学说。这是一种生活在北美洲的小兽，十分常见，长得像大老鼠，但它和袋鼠、考拉一样是有袋动物。负鼠是哺乳动物里的短命鬼，在野外通常活不过两年。奥斯泰德来到萨皮罗岛（Sapelo Island），这个小岛的年龄不过4000年（对于地质学和生物进化学，都是十分年轻的），上面没有捕食负鼠的美洲狮、狐狸等动物，所以这里的负鼠生活应该更安逸。他惊喜地发现，海岛上的负鼠寿命，平均比大陆负鼠长出1/4，它们的筋腱老化也更慢。风险小的生活造成了动物的长寿。

许多人会以为，寿数天注定，生死是不可改变的铁则。但事实是，动物的寿命，或者说，长寿的“能力”，和其他能力一样，是由进化塑造而成，随时可以发生改变。

动物学家兼科普作家理查德·道金斯（Richard Dawkins）开玩笑地建议：如果我们规定，人类在四十岁前不能生育，几百年之后，老当益壮的人就会在人类的基因库里占到优势，这时再把育龄延后到五十岁，以此类推，人类的寿命肯定会有可观的提高。这么白痴的政策不太可能得到支持，但类似的事情在外星球，也许已发生过了。

柳田理科雄的幽默科普文集《空想科学读本》提到一件怪事：特技摄影片里的奥特曼是 2 万岁，但他的爸爸和妈妈分别是 16 万岁和 14 万岁。保卫地球的奥特曼像二十几岁的青年人，那么，他父母生他的时候，岂不是比卡门女士更老的“奥特曼瑞”？外星人惊人的长寿，是否跟他们惊人的晚婚晚育有关？

多亏霍尔丹、梅达沃和威廉斯的明智见解，我们现在知道，越是风险小的生活方式，自然选择越倾向于保留长寿的基因。于是，我们可以收集各种关于动物寿命的趣闻轶事，并且用这条简单的原理加以解释：

体型大，或者有强大防御能力的动物比较长寿。因为不容易被吃掉。弓头鲸（学名 *Balaena mysticetus*）是地球上体重排第二的动物，仅次于蓝鲸。2007 年在阿拉斯加海域捕到的一头弓头鲸，颈肉里埋着一块 19 世纪 90 年代生产的捕鲸叉残片，说明它已经超过百岁了。

会飞的动物比较长寿。飞行是逃离危险的有效方式，还能寻找更好的食物和栖息地。哈佛大学的动物学家唐纳德 · R. 格里芬（Donald R. Griffin）带领学生研究小棕蝙蝠（学名 *Myotis lucifugus*），前辈研究者给这些蝙蝠安上了脚环，上面刻有安环的年份和日期。一个学生突然惊叫道：“这只蝙蝠比我年纪还大呢！”

脑容量大的动物比较长寿。头脑聪明，能够结群抵抗掠食者，生存机会也更多。人类就是很好的例子！

生活艰险的山雀，和生活安逸的北极圆蛤的区别，不仅表现在寿命上，而且表现在整体的生活节奏上。如果一个动物时刻处在危险中，还像蛤那样慢腾腾地生长、成熟，没等到繁殖就一命呜呼了。山雀和老鼠被自然选择塑造成“快进”型的，新陈代谢快，发育快，繁殖快，而蛤、鲸和人正相反。

生理学教授兼科普作家贾德·戴蒙德（Jared Diamond）用生活中的物品，来比喻动物生存“策略”的不同：在交通状况良好的地区，买一辆好车，花大价钱保养，可以开很久，这比较接近我们与蛤的生活方式。但在交通事故高发区，再好的车也会迅速毁于意外，这时就不如采取老鼠的策略——买差的车，不细心保养，撞坏了再换新的。动物“除旧迎新”的办法，就是努力繁殖（制造一个新身体），生活在危险中的小动物，对于生育的“热情”令人咋舌，我们后面还会讨论。

用心跳和吃饭的多少来推测寿命，在一定的条件下（例如只限哺乳动物），似乎还很准，由此得出寿命短的罪魁祸首是吃太多，就是强行把相关看成是因果。生活在危险中的生物，整个生活节奏都是“快进”式的，心跳、进食和寿命都只是其中一环而已。法国人马·埃梅（Marcel Aymé）的童话《捉猫故事集》里，天旱时猫可以通过洗脸求雨，因为猫洗脸是下雨的预兆（这种天气预报法大概不准，不过这不是我们的主题）。

谁能忧彼身后事

前面我们说到，人的身体各部位，以非常一致的速度衰老，但对女人而言，有一个明显的例外。人类女性丧失生育能力的年龄（更年期）太早了。其他动物（以及男人）的生育能力，也随着衰老而下降，但这种下降是平缓的、渐进的，很少有动物像人类那样“戛然而止”。偶然能见到更年期的雌性动物，但一般是在十分衰老、生命即将结束的时候，比如40多岁的雌黑猩猩。更年期女人已露出老态，但绝谈不上垂垂老矣。

动物放弃繁殖能力，这是非常古怪的。进化衡量成功的标准是繁殖，导致更年期的基因，理应被自然选择消灭掉。对这个问题，学者们提出了许多答案。最简单的一个就是，“野生的”人类根本就没有那么长寿。

我们在进入现代社会之前，一直生活在荒野的环境里：在草原上东跑西颠，男人狩猎，女人采集。我们在这种“原生态”环境下经历了几十万年的进化，而农业社会的历史不过一万年。所以我们的身体和心理，被进化塑造成最适合这种“野蛮”的生活。演化科学家称为 EEA（Environment of Evolutionary Adaptation），也就是“进化适应的环境”。在 EEA 中，生活是很艰苦的，随时面临疾病、野兽、饥饿，同类相残，所以那时女人活过 50 岁的可能性比现代人要低很多。如果所有女人都在 50 岁前被剑齿虎吃掉了，更年期对繁殖也不会有什么障碍。

但事实似乎不是那么简单：在现代，靠着狩猎和采集生活的人，例如非洲和美洲的一些部落，生活方式大概是最接近 EEA 的，他们中许多女人都能活过更年期（大概 40%）。

我们前面提到的那位威廉斯，提出一种更复杂，也更有趣的假说：更年期的女人照样可以致力于繁殖，她可以努力照顾年轻时生下的孩子，或者孩子的孩子，这样对她的基因延续仍然是有益的。对年老体衰的女性来说，生育有很高的风险：人类婴儿的脑袋很大，骨盆却相当窄，所以我们这个物种格外容易难产。到了一定的年龄，女人就放弃生儿育女，改用间接的方式，“服务”自己的子女。

威廉斯的猜想在逻辑上没问题，而且发人深思。但这个漂亮的假说，并没有得到足够资料的支持。人类学家进行过数学计算，在狩猎为生的部落里，即使大龄产妇有风险，照顾孙子对基因的利益，还是比不上继续生小孩。

戴蒙德提醒我们，一个老人对自己家庭的贡献，不一定是物质的（给自己的孩子采很多野果），也可能是精神的。人类有别于其他动物的地方是语言，有了语言，年长者就可以把知识和经验高效地传递给下一代，惠及子孙。戴蒙德年轻的时候，在新几内亚和太平洋小岛上研究鸟类，经常与当地人交流动物和植物的知识。如果他提的问题太刁钻，原住民就会请村子里的“长者”来回答。这些老人经常是年迈体弱，甚至牙都掉光了，要别人喂他（她）维持生命，但他（她）掌握了丰富的经验知识。在 EEA 中没有超市，人类要从野生动植物里，获得生存所需的一切食物和其他物资，这些知识是非常宝贵的。

所以，戴蒙德表示，老人即使老到路都不能走，对其子女的基因还是有所贡献。到了一定的岁数，牺牲产生子女的能力，免于难产以延长自己的生命，并不违反自然选择的原则。

短鳍领航鲸（学名 *Globicephala melaena*）和逆戟鲸（学名 *Orcinusorca*）是已知仅有的两种，跟人类一样拥有更年期的哺乳类。雌鲸在失去生育能力之后（40 岁左右），还能活很长时间。有一头在美国沿海生活的雌逆戟鲸，去世时已 105 岁，荣登长寿哺乳类排行榜第三名，排在弓头鲸（冠军）和人类（亚军）之后。我们应该注意，这两种鲸都非常“顾家”，一个鲸群就是许多亲戚组成的一个大家族，经常是三世同堂、四世同堂。所以年长的雌鲸有很多机会照顾它的子孙，用这种间接的方法延续自己的基因。比如，它可以给孩子多喂奶，或者带领家“人”寻找食物。

玉山自倒非人推

我们已经知道，老鼠可以通过节食长寿，但是，奥斯泰德非常坚决地告诉我们，我们对背后的原因还很不清楚，我们不知道老鼠为什么吃得少就活得久，想从动物直接推理到人类是危险的。北极圆蛤这么长寿，你总不能说，人躺在冰岛的海底也能延寿。不过，没有多少人乐意每天少吃三成，所以老鼠的长寿法，大概骗不到多少人。

威廉斯又提出了一种还没有得到证实，但很有见地的观点，他让我们注意，挨饿的老鼠，生育能力会有明显的下降。回想一下戴蒙德的“汽车”比喻。同样一笔钱，可以用来保养已有的车,也可以买新车,人（动物）的身体所使用的“钱”，比如构成骨头的钙，或者消灭自由基的酶，能用在维持自己的生命上，也能用在“制造”新生命上。大吃大喝的老鼠之所以活得比较短，威廉斯说，可能是因为它们儿女众多，把太多的“钱”花在繁殖上，从而削减了自己的生命。生存和繁殖有时候是互相矛盾的。

虽然人类贪心不足，总是嫌命短，但我们无疑是长寿的动物。跟大多数动物相比，人类的寿命很长，后代很少。我们牺牲了（一部分的）繁殖能力，来换取寿数（更年期可能有所贡献）。与之相反，一种生活在澳洲的小型有袋动物，棕袋鼩（学名 *Antechinus stuartii*），可以说是牺牲了寿命来换取繁殖。

棕袋鼩的发情在每年的七月，这时的雄袋鼩极其冲动、疯狂，上蹿下跳搜寻雌袋鼩，与情敌做殊死斗争。因为太莽撞，许多雄袋鼩厮打致死，或者成为猫头鹰的盘中餐。更大的危险来自“内因”。雄袋鼩体内激素严重失衡，抑制了免疫系统，即使没有死于“他杀”，它们很快也将死于寄生虫和细菌感染。繁殖期过后，所有成年雄袋鼩全都殒命。消瘦、憔悴、伤痕累累，被寄生虫堵塞了肺脏，它们的寿命只有 10 个月。雌性的寿命要稍长一点，最长也只有两岁，把雄袋鼩阉割，它也能活到这个岁数。

所有哺乳动物都会死亡，然而袋鼩的死亡如同暴风骤雨，出现得集中而且迅速，所以显得可怕。弓头鲸和北极圆蛤有漫长的时间生儿育女，不用着急，然而棕袋鼩这样，时刻活在饥饿和众多天敌当中的小动物，必须孤注一掷，把巨大的精力投入在仅有的一次繁殖中，因此“燃烧”了自己。在鱼、昆虫和一年生植物里，这种狂欢式的生活方式更加常见，我们也更加习惯，甚至还觉得有些诗意——离离原上草，一岁一枯荣。今年的草摇曳于春风中，去年的草已经葬身野火，或者衰老而死。

在地球上，生物已经出现了38亿年，任何生命在其中都只是一瞬而已，基因却可以通过繁殖代代相传，生生不息。所有生命都受到寿岁的禁锢，只有基因乘坐自然选择的快车，在永生的大路上奔跑下去。

羚羊与蜜蜂（上）

利他主义最大的恶，在于它因为善而惩罚善。

——安·兰德（Ayn Rand）

寓言的末路

我开始写这篇文章的契机，是一篇相当庸俗的“动物故事”，描写非洲草原上的一群羚羊，在一个勇敢的首领带领下，把逃跑改为前冲，食肉动物都在群蹄下粉身碎骨。我们尽可以嘲笑它的荒唐，但其中还是有值得把玩的东西。羚羊寓言的有趣之处，不在于它道理的“正确”，而在于它的“谬误”。

借动物之口来讲述伦理道德，这种形式看似很新，但其实起源很早。在中世纪，描写动物来表现基督教道德和教义的“动物寓言集”一度流行。动物是有道德的，它的行为值得我们学习，至少能给人一些人生道理的启示，这种思想仍然存留在我们的意识里。这篇文章将告诉大家，如果我们去观察动物，确实可以发现一些给人类以启示的道理，不过，指导我们的，不是上帝的教义，也不是个人伤感的臆想，而是进化论及相关的生物科学。有些启示是比较冷酷，让人失望的，不过，也有一些事情是可以鼓舞人心的。

乔治·C. 威廉斯（George C. Williams）是一位有点腼腆的

学者，留着林肯式的大胡子。20世纪60年代，他对当时动物学界流行的一个观点发起了痛击。科学史上，许多人甚至许多专业的动物学者，虽然不相信羚羊会团结一心打败狮子，多多少少也觉得动物是识大体、顾全大局的，愿意为了群体的利益牺牲自己。他毫不客气地指出,羚羊“英雄”不符合进化论。如果任凭这种观点流行，整个生物学的根基都会受到损害。

看到一群动物在一起，就假设它们是团结一心，互敬互爱的，认为大家都能得到好处，这种观点并无根据。东非草原上的动物迁徙是著名的奇景，浩浩荡荡的牛羚（虽然长相奇特，也是羚羊的一员）、瞪羚和斑马大部队，“军容”壮盛。但它们远没有看上去这样强大。几百头牛羚，虽然拥有数以千计的铁蹄和尖角，却经常在一头狮子面前逃窜。成群的飞鸟和游鱼，遇到捕食者的时候，也是这样外强中干。有人会编出羚羊的故事，为这些“窝囊”的动物“打气”，并不是无缘无故的，正所谓怒其不争。

威廉斯责怪动物学家太天真，我们凭什么认为一头羚羊会拥有高贵的品格，为一大群羚羊的利益着想呢？他开玩笑说，如果一个外星科学家，看到一群人拼命地逃离火灾现场，是不是也会一厢情愿地相信，他们这样跑，是为了拯救大家的性命？人群踩踏引起的许多悲剧（笔者听过一个传说：东北林区的房子门一定要往外开，如果发生森林火灾，所有人都往外涌，有堵住的危险），告诉我们事实显然不是如此。

适应与自然选择

如果羚羊只是变“逃跑”为“往前冲”，它们就能百战百胜了吗？难道它们不是更有可能，像遇到火灾的人一样相互踩踏吗？想要一群动物有秩序地运动，来达到某个目标（比如打败狮子），需要精妙的配合技巧和指挥手腕。据说，亚历山大大帝曾说过，绵羊指挥的一群狮子，不如狮子指挥的一群绵羊（后面我们会看到，如果亚历山大对动物了解多一些，他应该说蜜蜂或管水母，而不是狮子）。

如果我们想要一支人类的军队，就需要许多人消耗脑力研究阵法、制订军纪、演习、指挥。总而言之，军队不可能从天上掉下来。任何精巧、高效，需要耗费脑力制造的东西，都不可能从天上掉下来。然而，自然另有一种方法，不需要聪明的头脑，就能造出军队和各种奇妙的事物，这个方法最早是达尔文发现的，他将它命名为"自然选择"。

自然选择的运作方式很简单。无非是"适者生存"。假如，存在一群纪律涣散的羚羊。偶然出现了一只基因突变的羚羊，有一点点团结的意识，而这种意识，又能让它繁衍更多的小羚羊。天长日久，团结的羚羊就会逐渐变多。随后，在团结的羚羊之中，又有纪律更好的突变出现……这样，经过千百万年，一代代选择，最后就能产生出纪律森严、舍生忘死的羚羊军人。人类用类似的办法来选育家畜和庄稼，野生的草莓绝不会长到拇指那么大，野生的狼也不会像吉娃娃那么娇小，这都是长期择优汰劣的结果。

自然选择并不需要一个聪明的羚羊指挥官，它只是无意识地不停筛选，最后却产生了好像有意识创造出来的、精巧的结果。我们把这样"天生"的东西称为"适应器"（adaptation）。顺便一提，《适应与自然选择》（*Adaptation and Natural Selection*）是威廉斯所写的一本书。

适应器可以很小（比如一个蛋白质的分子），也可以很大（比如大象的鼻子），也可能并不是有形有质的物件（比如羚羊见到狮子逃跑的本能），千奇百怪，无不说明着造化的神奇。然而世界上并没有出现羚羊军队，说明自然选择并不是万能的。

自然选择要“选择”某种特征，首先，具有这种特征（比如军队纪律）的生物（比如羚羊）得产生比同类更多的后代，然后，这些后代还要通过遗传，把它们的特征传承下去。我们先考虑一个最简单的例子。如果巧克力豆会从嘴馋的人手中逃跑，对它肯定是很有用的，但自然选择不能给它造出“逃跑”的适应器，因为它不能“生育”小巧克力豆，并通过基因把自己的特征传递给“孩子”。

再看一个复杂一点的例子。假如有一支像故事里那么强大的羚羊军队称霸了草原。这时羚羊群中出现了一头基因突变的卑鄙羚羊，在其他羚羊与狮子作战的时候，它只是在一边啃草，或者寻找可爱的异性。虽然这个团体很强，但挑战狮子的危险，还是会让羚羊“士兵”面临生命危险，或者疲于奔命，消减了它们的生育力。在高尚同伴奉献体力乃至生命的同时，卑鄙的羚羊能够产生更多的后代，把它的“卑鄙”基因传递下去。经过长时间的自然选择，卑鄙的羚羊会占领羚羊群，把秩序井然的军队变成一盘散沙。

另一方面，基因突变是很少的。基因是制造生物的配方，不能随随便便就出问题，否则我们都成了“三不像”的怪胎。如果一盘散沙的羚羊群里，出现了一只或几只勇敢的羚羊，只有它们几个，如何能组织起强大的军队，叱咤草原？它们的结局，很可能是葬身狮口，无法留下多少后代。

在一个“M&M”巧克力豆的广告里，花生巧克力豆在人类要吃它的时候，愿意为了朋友牺牲自己，然而牛奶巧克力豆大喊“吃它！吃它！”，出卖同伴好让自己逃命。哪一颗巧克力能活下去呢？如果巧克力会繁殖，而且有基因创造的本能，能够让它们做出逃跑的卑鄙之举，或者牺牲自己的高尚行为，我们今天看到的，会是卑鄙的巧克力，还是勇敢的巧克力呢？

另一个例子不像巧克力或羚羊军队那么荒唐。但它可以说明，人是多么一厢情愿地相信，有时甚至是迷信，动物会懂得“苟利国家生死以”。旅鼠是身材肥圆、样子可爱的小型鼠类，一共有四种，生活在北极圈内。旅鼠生育力很强，有一个著名的传说，说它们在数量太多的时候，会集体自杀，减少鼠口压力，让剩余的同类能活下去。在迪士尼公司 1958 年出品的电影《白色荒原》中，有一段非常动人的情节：旅鼠成群结队，朝着悬崖狂奔，最终葬身大海。

但是，对进化论稍有了解的人，很容易想到“找死”的旅鼠宛如花生巧克力，不能活下去，也不会留下很多后代。自然选择之手，也就无法产生一种跳崖的适应器。旅鼠自杀就像羚羊的军队，只存在于想象中。在《白色荒原》里，为了制造壮观的“集体自杀”效果，摄制组采取了卑鄙手段：把买来的旅鼠赶下悬崖。

好人难为

博弈论是应用数学的一个分支，正如其名，它就像赌博和下棋一样，是关于如何制定策略，与他人的策略进行“对局”的一门学问，在政治、军事等方面，有很大的用途。

羚羊本来能够合作打败狮子，然而卑鄙的羚羊过得更好，最后大家都卑鄙，过着痛苦的生活。从博弈论的角度去思考，就会发现这是一个经典的难题，名叫“囚徒的困境”（prisoner's dilemma）。

假设有两名罪犯张三和李四被逮捕了，警察把他们分开审讯。这两个人都犯下了重罪而且老奸巨猾，他们都在思考，采用什么策略，对自己更有利：

如果两人都坚不吐实，证据不足，两人只能各判坐牢两年。

如果张三招供，把罪全都推到李四头上，李四会被监禁 10 年，而张三会获释。反之亦然。

如果两人都把对方供出来，两人都会坐牢，但因为态度较好，时间会减少一点，8 年。

这时候，假如你是张三，你要对付的就不仅有警察，还有同伴。如果李四是个聪明人，他就会把你出卖了，这时候你还替他遮掩，就成了大傻瓜，你坐十年牢，他逍遥法外。结果，两人怕当傻瓜，只能互相出卖，落得八年铁窗生涯。卑鄙无耻是个人明智的选择，但最聪明的选择，反而得到了最悲惨的结果。

我们再考虑一下羚羊。如果大家都是勇敢的士兵，卑劣的胆小鬼可以坐享其成，接受士兵的保护；如果大家都是胆小鬼，一个勇士在胆小鬼群里，肯定比一般的胆小鬼悲惨。无论周围“人”如何，你都应该选择卑鄙胆怯，而不是勇敢无畏。卑鄙是卑鄙者的通行证。

我一直在讲述羚羊应该“怎么办”，这并不是说，羚羊的思想和老谋深算的罪犯一样。事实上，动物并不需要聪明的头脑就能采取高明的生存策略。它们的行为仿佛经过深谋远虑，实际上只是本能而已。本能是基因“操纵”生物们做出来的事，和鹰的眼睛、大象的鼻子一样，都是自然选择塑造出的适应器。自然选择并不需要一个聪明的创造者，它可以通过适者生存的办法，制造出精致、巧妙的东西。羚羊表现得十分狡猾，其实只是因为，那些“显得”不那么精明的羚羊被淘汰了。

有时，本能显得如此“狡猾”，如此态度鲜明，进化生物学家干脆称之为“策略”（stragtegy），就好像有一位军师在指挥动物们一样（后面我们会讲到，神经不发达的动物，甚至非生物，在策略方面也有出色的表现）。一个经过漫长的进化时间能够存活下来的策略，必然是能够长治久安的，英国生物学家约翰·梅纳德·史密斯（John Maynard Smith）称为进化的稳定策略（Evolutionarily Stable Stragtegy，ESS）。

这么说显得有点“车轱辘话”：一个策略想活很久，就要长治久安；一个能长治久安的策略，就是为了活很久的。其实稍微想一下就会发现：一个策略要成为 ESS，它必须做出一些事业，保证自己的生存。假如一只羚羊的策略是“见到狮子就冲上去揍它”，肯定不是 ESS（顺便一提，羚羊寓言里，勇猛的羚羊首领也死于狮口）。由于囚徒的困境原理，我们可以判断，胆小、卑鄙的策略会活得更好。经历了漫长时间，存活下来的生物，应该拥有卑鄙、自私的本能。

在生物学界，把“动物是高尚的、为大局着想的”这种过分浪漫的观点驳斥下去的，要归功于威廉斯，还有另一位生物学家威廉·D. 汉密尔顿（William D. Hamilton）。但是，让威廉斯的批评发扬光大，为大众所知的，却是英国动物学家兼科普作家理查德·道金斯（Richard Dawkins）。他最著名的作品，名为《自私的基因》（*The Selfish Gene*）。道金斯把控制生物，让它们采取卑鄙“策略”的基因拟人化，让我们想象，基因是自私自利、冷酷无情的，为了它们的生存，像操纵机器一样控制着生物。

说基因是自私的，不仅是一种修辞手法。举个例子，有一种基因，叫做“逆转录酶基因”，在我们每个细胞里都有成百上千份，它只能做一件事：复制一份自己，然后把复制品安置在整套人类基因里。艾滋病毒利用它来感染人体，逆转录酶基因的存在，对我们不仅无用，而且有害。但它善于复制自己，所以数量很多，“人丁”兴旺。如果把所有人类的基因想象成一支羚羊军队，它就是军队里的胆小鬼，其他基因努力维护人体的时候，逆转录酶基因在一旁坐享其成。人体的所有基因里，有 97% 是无用的，不参与制造器官和本能，这是个臃肿得不像话的机构。道金斯的拟人手法好像是“科学幻想”，但现实比科幻小说更奇妙。

“自私的基因”这个表述受到广泛的欢迎（也有人表示，自己的心被冷酷的道金斯击伤了），也许是因为拟人化加强了我们的理解，也许是道金斯的表达里隐含的冷峻和犀利意味让人望而生畏。道金斯在牛津大学担任“公众理解科学教授”（这个职位专门为他而设），是个尖锐的辩论家、出众的科普作家（顺便一提，长相也很英俊），这可能给了他一种坏人酷哥式的形象。虽然这本书并不冷酷，它甚至还告诉我们，基因虽是“自私”的，但人类和其他动物，仍然可以做出高尚的、舍己为人的行为来。

乌合之众

虽然前面一直在讨论胆小的羚羊，但羚羊的群体比我假设的“一群胆小鬼”还是要复杂一些。想要知道自私的动物为何会集群，我们先从一种更简单的动物群体开始讨论:鱼群。

食肉动物偏爱离自己近的猎物（容易抓到）和醒目的猎物（容易锁定）。不想被捕杀的鱼（这并不是说鱼有意识，知道自己会被吃掉，然后努力避免，而是说经过自然选择，鱼会产生适应器，逃避捕食者），如果待在鱼群中心，和众多的同类在一起,就不太容易成为“离捕食者最近”的那一个。所以，“遇到鲨鱼，使劲往自己的群体里挤”会成为一个稳定的策略。

另一个策略，是让自己尽可能和同伴一样，减少被“挑中”的危险。不想被老师提问的小孩会弯腰缩头，藏在同学中间，鱼也会把自己藏在鱼群里。同一群的鱼，长相、大小都惊人的相似，连游泳步调都惊人的一致，好像暴风雪中的一片片雪花。鱼类的群泳非常壮观，看似在展现团队的力量，其实却是一群胆小鬼，拿同类的身体做挡箭牌。

虽然羚羊群比鱼群要复杂一些（我以后还会讨论它们），但走兽和飞禽，也会采用“挤”和“步调一致”的策略。斑马的黑白条纹在草地上非常显眼，但在斑马群里，就可以弱化身体的轮廓，让自己隐身在同类之间。欧洲常见的紫翅椋鸟（学名 *Sturnus vulgaris*），有时会结成很大的鸟群。捕食飞鸟的猛禽，攻击的方式是从上空俯冲下击，所以它们采取了很有效的策略。猛禽如果是在椋鸟群下方，它们无动于衷，一旦它从椋鸟上方飞过，鸟群就会一下子“缩紧”，减小自己被吃的可能性，在地上遥望，就好像一团忽浓忽淡的烟。

对于小型鱼类，比如沙丁鱼来说，“挤”可以帮助它们避开“普通大小”的食肉鱼，却招引了“更大”的危险。鲸、海豚和鲨鱼不会浪费时间追逐一条沙丁鱼，但密密麻麻，挤成一个“球”的沙丁鱼群，就是一顿丰盛的美餐。人类也利用沙丁鱼的集群策略。一种鱼能成为渔业的捕捞对象，要么个头足够大，要么鱼群足够大，可以一次捕到很多，以量弥补质的不足。所以，可怜的沙丁鱼成了罐头的“常客”。

威廉斯把一堆胆小鬼组成的动物群称为“自私群”。我们也可以叫它“乌合之众”，这个词原本的意思，就是“一群乌鸦”。苏联著名的、描写生物和自然的作家普里什文，也写过一篇动物寓言，他对自然的了解，比羚羊寓言的作者要深厚得多：一只乌鸦找到了食物，许多贪婪的乌鸦追着它，把它赶得筋疲力尽。它不小心失落了嘴里的东西，被另一只乌鸦捡到。乌鸦们又开始追赶新的暴富者……大家都累得要死，还什么都没吃到。

普里什文警告我们，富有者落到这般悲惨的处境正是因为它的自私。

羚羊与蜜蜂（中）

它酿的蜜多，自己吃得可有限。每回收蜜，给它们留一点点糖就行了。它们从来不争，也从来不计较什么，还是继续劳动。

——杨朔《荔枝蜜》

牛结阵以却虎

“牛结阵以却虎”这句话据说出自战国诸子之一的尸佼。他这么说，是对真实动物有过切身的观察，还是出于臆想，已不得而知，但他还真说对了。

一些孔武有力的大型食草兽，在食肉猛兽面前，确实表现得相当勇敢和有纪律。亚洲水牛和麝牛（学名 *Ovibos moschatus*）都会用防御阵型保护幼犊。麝牛与狼的对垒是很壮观的。这种动物生活在北极圈地区，体格壮硕，穿着厚厚的防寒毛衣，遇到狼群，大麝牛会肩并肩，把孩子牢牢围在中央，扬角奋蹄进攻。加拿大马鹿（学名 *Cervus canadensis*）的鹿群由雌鹿和幼鹿组成（雄鹿单独活动），遇到狼，强壮的成年雌鹿会站出来，用前蹄猛踢，让小鹿借机撤退。

我们知道，在囚徒的困境中，胆小鬼会生存下来，但事实告诉我们，食草动物并不全是胆小鬼。小鸟见到猛禽飞过，会发出尖细的叫声，向同类报警。分析小鸟的“警笛”发现，这种声音是很特殊的，你很难判断它发出的位置。“警笛”是一个适应器，它对于小鸟的好处是显而易见的。捕食者偏爱“引人注目”的猎物，如果老鹰听出了它鸣叫的位置，就会循声先抓住它。但这也说明，它经过自然选择长时间的择优汰劣，肯定有很多叫声容易被定位的鸟，或者不太容易被定位的鸟，被老鹰抓走了。

发出警笛声的小鸟，如同愚蠢的囚徒，把自己送入了虎口。这样说来，小鸟一开始就沉默，麝牛一开始就掉头逃跑，不是更好的策略吗？

与捕食者对抗，是一个利他行为（altruism）。动物学中所谓的“利他”，跟常识的理解略有不同，把它称作“舍己为人行为”更恰当。利他行为不仅是“对别人好的事”，也是“对自己不好的事”。羚羊排便为青草提供了肥料，但我们不能说排泄是一个利他行为。舍己为人让自己吃亏，看来无法成为稳定的策略，但在生物世界里，利他行为不能说比比皆是，也绝不稀少。这是进化生物学面临的一个大谜团。

鹡鸰在原

1965年，研究蚂蚁出名的动物学家，当时已经小有名气的爱德华·O. 威尔逊（Edward O. Wilson），在火车上阅读到一篇名为《社会行为的遗传进化》（*The Genetical Evolution of Social Behavior*）的博士论文。这篇文章企图解开动物的利他行为这个大谜团。

一开始威尔逊有些恼火，觉得论文里的答案太简单，想用这么单薄的理论解释生物世界，根本就是初生牛犊不怕虎。

他把论文翻来覆去地看，希望运用自己丰富的昆虫知识找到破绽。然而，他越看越觉得引人入胜，越觉得这个年轻人的答案有道理。火车到站时，威尔逊已经“皈依”了。他说，伟大的观念应该是非常简朴而又非常巧妙的，能让人不禁反问“我怎么没想到呢”，就像威廉·D. 汉密尔顿（William D. Hamilton）的“亲选择”（kinselection）理论一样。

进化需要漫长的时间，一代代进行自然选择。自然选择不是教练，它的工作方式，不是训练一只羚羊让它变得更快、更强或者更自私，而是在代代相传之间，通过细小的突变择优汰劣，逐步地改变羚羊的基因。汉密尔顿的高明之处在于他选择了基因的“视角”，去看待生物世界。

寻找配偶，生孩子，照顾孩子，需要牺牲大量的精力和时间。可怜天下父母心。然而生物都喜欢繁殖，有时到了疯狂的地步。一种生活在澳洲的剧毒蜘蛛，名叫红背蜘蛛（学名 *Latrodectus hasselti*），甚至会让雌蜘蛛把自己吃掉，以争取时间让更多的卵受精。因为不繁殖的生物，或者在生儿育女方面不够努力的生物，无法留下后代，或者留下了后代，却被更努力的同类挤垮了，基因代代相传的链条就断掉了。无法传递基因的生物，也无法经过自然选择的筛选。

想传递你的基因，可以多生孩子，也可以好好照顾已有的孩子。如果一头麝牛生了许多小牛，哪个都不管，它的基因基本都会葬身狼腹。这就不如少生几个，好好保护它们。如果基因能让一头成年麝牛与狼作战，保护孩子，这样的基因会传递下来。因为孩子得到了母亲一半的基因（另一半是父亲的），小麝牛有 50% 的可能，也具有“保护自己孩子”的基因。

跟你拥有同样基因的，除了孩子，还有其他亲戚。首先注意到这件事在生物学中重要意义的人，是进化生物学界的祖师爷达尔文。在蚂蚁中，大个头的兵蚁是没有繁殖能力的，但一个个蚁窝里都会出现兵蚁。他很快找到了答案，兵蚁不能繁殖，但它的亲戚比如它的母亲、姐妹，会代替它生儿育女。同样，我们想要肉质肥美的牛，好吃的牛会被吃掉。但肉牛不会因此绝种，因为我们在吃牛肉的同时，还会养育它的亲戚，让“好吃”这一特征延续下去。

如果一头麝牛保护的不是孩子，而是年幼的弟弟。这个“保护弟弟”的基因，同样可以存活下去。假设它是从妈妈那里得到了“保护弟弟”的基因，因为妈妈也把一半的基因传给了弟弟，它的弟弟拥有同一基因的可能性也是50%。

“鹡鸰在原，兄弟急难，每有良朋，况也永叹”，出自《诗经》中的《棠棣》，意思是说，大难临头的时候，能帮助你的是兄弟而非朋友（这个说法并不全面，我后面还会讲到，《诗经》对朋友太轻视了）。人常说“血浓于水”，认为每个人都有义务为亲戚谋福利，越亲密的血亲越是如此。在一个人破坏公共资源，照顾自己亲戚的时候，我们又会指责其“自私”“大树底下好乘凉”。好像我们都相信，对亲戚好，就是对自己好，亲戚就是某种意义上的自己，近亲尤甚。

如果从麝牛（羚羊、人，或随便什么生物）基因的视角来看，亲戚确实是“一半的自己”，或者“一部分的自己”。近亲会多些，远亲会少些。稍微做一点除法，一个基因就可以“算出”，这头麝牛和它的任意一个血亲拥有同一基因的可能性。

（当然，基因不会算数。但是自然选择并不需要基因拥有理智。那些保护了素昧平生的麝牛，或者保护“八竿子打不着”的亲戚的基因，会被保护近亲的“聪明”基因排挤掉。经过长时间的生存竞争，存活下来的基因，就可以表现得精通“人情世故”。）

昆虫国度

在近亲组成的、比较小的兽（鸟）群里，可以看到报警、打击捕食者之类让人感动的“高尚”行为。从基因的角度看，帮助亲人就是帮助自己。参与迁徙的牛羚成千上万，大多是毫无亲缘关系的，或者关系很远，基因不会“命令”牛羚去救一个素不相识的同类。批评牛羚“胆小怕事”，至少是不公平的。

虽然我们见不到羚羊群和狮子作战，但自然选择确实在另一类动物里创造了军队。布氏游蚁（学名 *Eciton burchelli*）属于行军蚁，这 3 个字足以让人不寒而栗。觅食的布氏游蚁大军结成阵型，形状仿佛分叉树枝扎成的扫把。“打头阵”的蚂蚁留下气味踪迹，让随后的大部队不至于走散，体形硕大，长着镰刀状利齿的兵蚁在外围护卫，它们的利牙适合专门攻击骚扰蚁军的大型动物。小型和中型的工蚁负责猎杀和搬运猎物，有时蜥蜴和青蛙都会被布氏游蚁杀死。对蚂蚁而言，青蛙的体型和力量，必定是非常恐怖，远超过羚羊眼中的狮子。蚁群看似杂乱，其实是一个联系紧密、秩序井然的团体。幸运的是，这支军队走得很慢，无法伤人。

如果你观察群居昆虫比如蚂蚁、蜜蜂，就会发现，它们的舍生忘死和团结精神，超出人类想象。它们舍己为人的利他行为，有些让人感动，有些怪异而恐怖。

美洲切叶蚁属（*Atta* spp.）的蚂蚁种植真菌当食物，这项工作非常复杂，需要多种“专业工人”合作完成。同一巢的蚂蚁发展出了不同的“工种”，在体型上，最小的工蚁身长不到 3 毫米，负责检查菌田，去除杂菌。大一点的工蚁把树叶嚼碎，做成真菌的肥料。更大的工蚁在外面采集树叶。巨大的兵蚁体重是最小工蚁的 300 倍，心形的大头充满肌肉，它的撕咬非常有力，人类都吃不消。

蜜蜂蜇人以后，会扯下一部分内脏，连同蜇刺留在创口上，让它继续注入毒液。众所周知，这样一来蜜蜂自己也会死掉。虽然冒着生命危险，蜜蜂还是勇猛地发动攻击，西方蜜蜂的意大利亚种（学名 *Apis mellifera ligustica*）和西方蜜蜂非洲亚种（学名 *Apis mellifera scutellata*）杂交的后代，会拼命攻击靠近蜂巢的动物或人，追出几百米，因此得到“杀人蜂”的恶名。

另一种比较温情的利他行为是分享食物。吃饱的蜜蜂会把流食吐出来，给同一窝的伙伴吃，而且非常“大方”——即使伙伴不饿也要喂。这样相互谦让，结果是无处不均匀，大家饱和饿的程度都差不多。每只蜜蜂都可以了解团体的近况，如果它饿了，那么整个蜂巢的成员肯定都饿了。著名的蜂王浆，是工蜂用来喂养幼虫和蜂王的分泌物，富含幼虫成长需要的蛋白质。作为分泌蜂王浆的代价，工蜂缩短了自己的生命。

超级生物

蚂蚁、蜜蜂这种秩序井然，富有牺牲精神的群体，是动物群体进化的最高成果之一，动物学家称之为真社会性（Eusociality）。真社会性群体的中心是多产的“女王”，她生出大量不能繁殖的“工人”和“士兵”，让它们照顾幼虫和女王、筑巢、觅食以及与入侵者作战。巢穴发展成熟，“女王”就会定期生产一些有繁殖能力的“王子”和“公主”，让它们去建立新的巢穴。

既然都是一母所生，同一窝的蜜蜂都是近亲。但真社会性昆虫的“大公无私”利他精神，远远超出了麝牛和小鸟。汉密尔顿的亲选择理论能解释它吗？

大多数社会性昆虫都是蜂类和蚂蚁，分类学上属于膜翅目（Hymenoptera）。膜翅目昆虫的真社会性，至少独立进化出11次，在其他昆虫里只有白蚁一次。

汉密尔顿注意到，膜翅目有个非常奇怪的特征：受精的卵孵出来都是雌性，没有受精的卵孵出来都是雄性。他认为这就是蜂巢“超级利他”的关键。雄蜜蜂的基因量只有雌蜜蜂的一半，繁殖的时候，它把自己全部的基因都传给精子，而雌蜜蜂和其他动物一样，只把一半的基因放进卵子。

我们现在转到基因的视角，看看这种奇怪的安排，会导致亲戚的远近关系，发生什么样的变化。

假设我是一个来自蜜蜂父亲的基因，现在到了女儿的体内，因为女儿是受精卵孵化，每个女儿都要继承父亲全部的基因。你身边的每个（同父）姐妹，都会有跟你一样的基因。或者说，所有的姐妹是“100% 的我”。

再假设，我还是蜜蜂女儿的基因，但我的来源是蜜蜂“女王”而非父亲，因为女儿分到“女王”一半的基因，身边的（同母）姐妹，拥有我的复制品可能性是一半，也就是“50% 的我”。

把“基因来自父亲”和“基因来自母亲”这两种情况加起来，平均一下，我们就可以算出，两个（同父同母）蜜蜂姐妹拥有同一个基因的可能性：

$$(100\%+50\%)\div 2=75\%$$

对于任何一个雌蜜蜂体内的基因来说，平均而言我的姐妹都是“75% 的我”。

再来看看蜜蜂兄妹（或姐弟）的情况：

我是一个雌蜜蜂的基因。儿子是未受精卵孵化的，所以我的兄弟，跟我拥有同样的“来自父亲的基因”可能性是 0%。

雌蜜蜂的兄弟如果有和她一样的基因，那一定是来自母亲。母亲把一半的基因给了卵子，所以同胞兄弟跟雌蜜蜂拥有同一个基因的可能性是 50%。

（0%+50%）÷2=25%

雄蜜蜂和雌蜜蜂的关系要疏远得多，共享基因的可能性只有雌蜜蜂间的1/3。

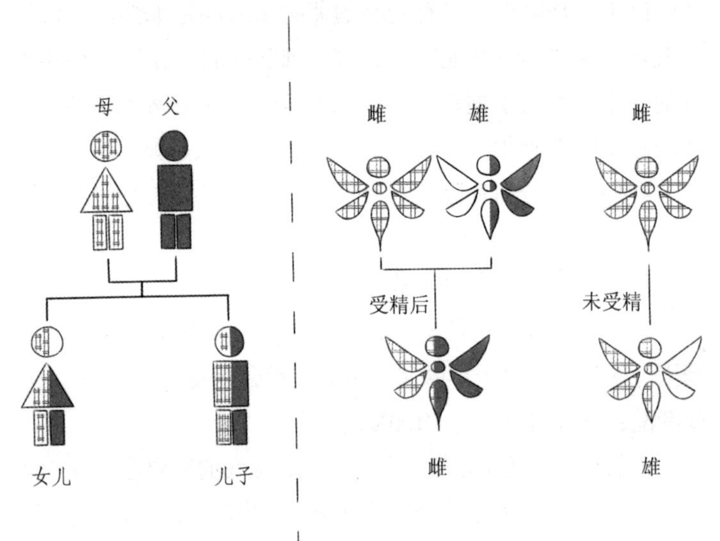

人类：不管男女，孩子均继承父母各50%的基因

蜜蜂：雌蜂继承母亲的50%基因和父亲的全部基因，雄蜂仅继承母亲的50%基因

（注：带尾刺的为雌蜂）

对蚂蚁或蜂类来说，姐妹是超级近亲，比麝牛的姐妹或母女都要近。如果一个基因让女蚂蚁从青蛙嘴里救自己的孩子，那它只有50%的可能性拯救了自己的一个复制品；如果是救姐妹，这个可能性就会升高到75%。在蚂蚁的世界里，养育妹妹的基因受到自然选择的欢迎，比养育孩子的基因更加兴旺。

在蜂群和蚁群里，没有生育力的“工人”和“士兵”全是女的。男蜜蜂和男蚂蚁除了繁殖，什么事都不干。如果有选择，工蜂宁可要妹妹，也不要女儿，她们甘愿牺牲自己的生殖力伺候“女王”,把“女王”的生育力提高到惊人的程度（切叶蚁“女王”每分钟生一个卵）。有个笑话说，母鸡是鸡蛋生产鸡蛋的办法，同样也可以说，蚂蚁女王是一部基因生产基因的机器。

真社会性的生物群体是如此亲密无间，一群蚂蚁就仿佛一个巨大的生物，既奇妙又可怕，工蚁是肌肉，兵蚁是免疫系统，女王是生殖系统，相互哺喂的流食是血液。甚至蚁群发展壮大之后，向外释放“王子”和“公主”的现象，都可以比喻为这个怪兽的“成熟期”。甚至有个词专门用来表示这种奇异的群体：超级生物（Superorganism）。

超级生物的利他精神，是建立在亲选择基础上的。像迁徙的牛羚一样，遇到素不相识的同类，它们也会表现得冷漠，甚至凶残。蚂蚁和人类有一个可怕的相似点：举行战争，屠杀同类。威尔逊说过“给蚂蚁核武器，它们会在一星期内毁灭世界”，他这么说，一半是开玩笑，另一半大概是真的恐惧。

讲到这里，这一节应该结束了，不用再提白蚁。但白蚁实在是太奇怪了，值得解释一下。白蚁是蟑螂的亲戚，它们没有“未受精卵生儿子”的奇怪特征，但还是演化成了真社会性昆虫。白蚁吃木头，依赖体内的微生物分解木质素。为了随时得到新鲜的微生物，小白蚁孵出来后，就不能离开同类太远。大家都“猫在一堆”，就开始在近亲之间找配偶。“近亲结婚”越多，基因的相似程度就越高，不论男女。白蚁的工蚁有雌也有雄，没有“重女轻男”的现象。

“葡萄牙战舰”与“守护天使”

因为漂浮在水面上，管水母目（Siphonophora）的僧帽水母（*Physalia* spp.）得到了“葡萄牙战舰”的绰号。确实，僧帽水母是由许多微小的动物组成，它们精诚合作，就像同一艘船的水手。僧帽水母顶端是一个蓝色的口袋，这是一个单独的管水母，它的责任就是充满气体，让整个动物集团可以浮在水上，被风推动着前进。在这艘船上，它就如同船体和船帆。另一些管水母是厨师，负责消化食物，再分送给同伴。还有一些管水母担任桨手，喷水推动僧帽水母前进。剧毒的触手是管水母战士，捕获食物，打击敌人。

单个管水母的身体结构很简单，但它们靠着紧密相接，扮演不同的器官，就可以造出一艘复杂精密的“船”，生物团体进化的另一个极端。参与造“船”的管水母，都是由同一颗受精卵发育而来，基因100%相同。也就是说，根据亲选择，僧帽水母的基因帮同伴就是帮自己。这是动物群体进化的另一个巅峰，可以跟蜜蜂相比，甚至比蜜蜂更亲密无间。僧帽水母既是一个大动物，也是一群小动物组成的群体。

管水母让我们不禁产生怀疑，一只羚羊（或者人），真的是“个人”吗？还是更复杂、合作更亲密的群体？

网柱菌属（*Dictyostelium* spp.）的生物被称为黏菌，它们不是动物，而是原核生物。平时，黏菌都是单细胞生物，单独生活，就像变形虫一样。如果环境变恶劣了，许多单细胞的黏菌会聚集到一起，抱成一团，像小虫一样爬行。这时它又像一个动物。黏菌甚至还有一个像植物的形态。黏菌们组成一根细杆子顶着一个小球的形状，像一朵花，小球里的黏菌细胞如同花粉，被风吹走，或者被昆虫带到远处，寻找适合生存的地方。

人体包含数以亿计的细胞，所有细胞都来自同一个受精卵，所以人体是由近亲组成的超级团体。虽然这么说有点恶心，但你可以把自己的每一个细胞都想象成一只蚂蚁，或者一个管水母。它们精诚合作，才组成了庞大而精致的人体。细胞之间也有精密的分工：淋巴细胞像变形虫，肌肉细胞又瘦又长，神经细胞像电线。许多细胞的形态是如此古怪，如果离开其他细胞的帮助，根本活不了。

人和蚂蚁的另一个相似之处是，大多数细胞都不能繁殖。像蚂蚁一样，我们把繁殖的任务交给了“女王”——生殖细胞。单细胞生物通过分裂来繁殖，但人体想要活下去，非常重要的一条原则就是：不能随便分裂。如果一个细胞无休止地分裂，把营养和氧气消耗光，压迫周围细胞的生存，这是癌症，最后整个人体都会崩溃。

我们拥有“防止癌症”的适应器是情理之中的事，但它是通过“自杀”来达成目的，就只能说是意料之外了。有一个基因，科学家给它起名P53，它的责任，就是在癌变开始的时候，命令一个细胞开始自杀，科学家把这叫做“程序性死亡”（Apoptosis）。这很像蜜蜂牺牲自己的生命去蜇人，用个人的死换群体的生。被深深感动的科学家，给了P53“守护天使”的绰号。这当然是细胞群体（人体）的看法，如果我是一个细胞，就会认为称之为“东厂”更合适些。

同室操戈

文学家、翻译家杨绛讲过她下乡时见到的一件趣事：每只小猪吃奶都有特定的奶头，“就餐位置”在小猪刚出生时就决定好了，绝不越界。

这倒不是因为猪懂得纪律。母猪的奶头出奶的量不同，越靠近猪脑袋的越多，有实验发现，占据了前三对奶头的小猪，要比后四对的小猪多吃八成以上。所以小猪生出来没多久，就会互相厮打抢奶吃，最后建立起一个稳定的“就餐次序”。一群动物凭打架分成三六九等，强者可以优先得到某些好处（例如食物），动物学家称之为啄序（Pecking Order）。

虽然都是同胞，但猪兄猪弟之间，只能共享50%的基因，奶吃到兄弟的嘴里，还是不如吃到自己嘴里。资本家愿意为了

50% 的利润冒险，小猪也愿意为了 80% 的奶跟兄弟翻脸。把小猪、蚂蚁或细胞联系起来的，是共同的基因利益。但个人利益的诱惑太过巨大，即使亲人之间，也不免同室操戈。小猪一出生就有尖锐的乳牙，对单个的小猪而言，这是一个适应器，可以跟同胞兄弟咬架，抢夺好奶头。对猪群或猪这个物种，却是一种有害无益的东西。小猪会相互咬伤，还可能在吃奶时扎伤母猪。养猪人想要保护的是猪群，所以现在养猪，一般都会把小猪的牙尖切掉。

在真社会性昆虫的姐妹兄弟之间，也存在利益纠葛。美国生物学家罗伯特 · L. 特里弗斯（Robert L. Trivers）与霍普 · 黑尔（Hope Hare）检查了 20 种蚂蚁，发现一个有趣的现象。一个蚂蚁窝产生的“公主”，也就是可繁殖的雌性蚂蚁的重量，大概是“王子”的重量的 3 倍。这意思不是说“公主”的数量是“王子”的 3 倍，因为雌性蚂蚁需要脂肪储备来繁殖后代，“公主”都很胖。单个的“公主”比“王子”重得多，但是，把蚂蚁窝这个超级生物，一次生育的所有“公主”加起来，重量会是所有“王子”的 3 倍。

我们前面说过，膜翅目昆虫姐妹共享基因的可能性，是姐弟的 3 倍。根据亲选择，如果一个基因让工蚁对“公主”优待有加，牺牲更多的资源（比如食物）来养妹妹，自然选择会偏爱它。另一方面，对“女王”来说，不管儿子和女儿，都拥有她的一半基因。让“女王”不论王子和公主，一视同仁的基因，要比偏袒哪一方的基因更好。

蚁巢里的男女不平等，其实反映了工蚁和“女王”的利益冲突，而且获胜的一方是看似软弱的工蚁。女王养尊处优，然而她其实是个“傀儡政权”，工蚁把她当成了生产基因的工具。在精诚合作的表面之下，利益冲突并没有停止。用道金斯的说法就是，动物可以表现得卑鄙自私或者亲密无间，然而，背后指使它们的“老大”基因却永远是自私的。

羚羊与蜜蜂（下）

或曰：“以德报怨，何如？”

子曰：“何以报德？以直报怨，以德报德。”

——《论语宪问》

善有善报

最后通牒赛局（Ultimatum Bargaining Game）是一个博弈游戏，1982 年在科隆大学被提出。张三和李四要分享某种好处，比如 100 块钱。由张三决定怎么分，如果李四不赞成，这个好处就取消，两个人什么也没有。

我们已经知道，根据囚徒的困境，好人总会吃亏。如果张三是个聪明人，他应该把大多数钱都自己留着，只给李四一点点。如果倒霉的李四也是理性的，就只能接受这一点点，否则一分钱也没有。这有点类似小猪之间的“啄序”，虽然谁也不想要坏奶头，但弱小的小猪还是得忍气吞声接受这个结果。有奶总比没有好，聊胜于无。

用真人进行“最后通牒赛局”的实验，却发现完全不同的结果，人类要比想象中更正直，也更愚蠢。大多数扮演张三的人，都会分不少的钱给李四，“见面分一半”的人也很多。如果李四只分得一丁点，他 / 她经常会放弃游戏，宁可什么都得不到，以表示自己对不公的愤怒。

维护最大利益的时候，人的理智竟然不如猪？和其他动物一样，我们也是由自然选择塑造而成。我们都不怀疑，人类的私心会可怕到什么样的程度，但也有时候，人显得太忠厚，太不自私了，这使我们成为达尔文的另一个谜题。

于是，又要谈到策略了。我们先前看到，最卑鄙的策略应该获胜，但人类表现得过于忠厚，所以我们都是天生的输家？罗伯特·爱克斯罗德（Robert Axelrod）是美国密歇根大学的政治学家，1979 年，他组织了一场谋士之间的擂台赛，用电脑来验证，忠厚的策略到底会不会输。

爱克斯罗德设计了一个简单的“囚徒的困境”游戏。玩家可以扮演囚犯张三或李四，对张三来说，有两种选择，“合作（护着李四）”和“背叛（供出李四）”，对李四也一样。

两人都出合作，各得 3 分（2 年刑期）。

两人都出背叛，各得 1 分（8 年刑期）。

张三背叛，李四合作，张三得 5 分（无罪释放），李四得 0 分（10 年刑期）。

每个参与游戏的人，都要设计一套计策，决定何时合作，何时背叛。爱克斯罗德收到 14 份策略，他把这些策略编成程序，输进电脑，让它们一一进行比赛，每次比赛进行 200 回合，看谁的得分最高。

结果出人意料又让人安心。爱出背叛的“卑鄙”策略，普遍得到低分，得分最高的策略很简单，相当忠厚。冠军是由加拿大政治学家阿纳托·拉普伯特（Anatol Rapoport）制定的，名叫 Tit-for-Tat，简称 TFT，含义是“你打我一下，我也打你一下”，或者说“一报还一报”。它的运行原则是，第一回合先合作，接下来的所有回合，你合作我就合作，你背叛我就背叛。以牙还牙，一直进行下去。

后来爱克斯罗德又举行了一次比赛，62个人投稿参加，结果TFT还是拔得头筹。

爱克斯罗德总结道，TFT之所以强大，是因为它本性友好（喜欢合作），又足够强硬（谁出卖我，我就背叛谁）。另外，它还很宽容，不计前嫌（先前背叛过的策略，再跟它合作，它也会继续示好）。总之，这是一个“谦谦君子”的策略。

未来的阴影

爱克斯罗德的游戏，跟囚犯的故事有个明显的不同，它要做出两百回选择，而囚犯只能选择一次，谁也不能连着两百次判刑。所以，张三和李四必须从长计议。

需要从长计议的游戏，不会是“零和游戏”（zero-sum game），也就是说，双方所得到（失去）的利益，加起来不是零。多数体育竞技游戏都是零和游戏，有人胜利，就一定有人失败，这样竞争自然会变得激烈。然而在爱克斯罗德的游戏里，因为合作的时间很长，我们不必打得你死我活，双方可以长期合作，达成双赢。

如果张三和李四只有一面之缘，彼此背叛是最理性的做法，卑鄙小人战胜正人君子。如果张三认为，将来的合作还很长，受到双赢的诱惑，又害怕遭到复仇，最好采取友善的Tit-For-Tat策略。爱克斯罗德把这种现象称为“未来的阴影”。人常说，低头不见抬头见，远亲不如近邻。大家都不乐意“杀熟”，欺负长时间与我们合作的人。路怒症常发作于大城市的马路上，因为我们知道，这时路过的车，可能一辈子都不会再见，骂它两句也无妨。

历史学家托尼·爱希华兹（Tony Ashworth）记录了第一次世界大战西线发生的怪现象：在同一个地方，经常有长期驻守且经常见面的英国兵和德国兵，由于双方都不知道何时会被调走，从 1914 年起，至少有两年，两国士兵表现得异乎寻常的“客气”。

德国兵走出战壕的时候，英军不愿开火，因为这是“不礼貌的”。两方都可以在射程里走来走去，开炮有一定的时间和落点，不为打人，只为做个样子。有的士兵甚至成了朋友，隔着战壕聊天，圣诞节还互祝节日快乐。

遇到合适的环境，TFT 是个很强大的策略，正人君子也没有我们想象的那么弱小。战争可能是最需要出“背叛”的情况了，然而，“未来的阴影”仍可以化干戈为玉帛。当然，德军和英军的长官可并不太想学习这个道理！

血“债”血“偿”

根据蚂蚁专家威尔逊的描述，特里弗斯是个充满才气的人，在他情绪高昂的时候，各种好点子和笑话都如同潮水一样滚滚而来。他脾气暴躁，曾经在酒吧里跟人发生肢体冲突。在哈佛大学开始学习生涯的时候，特里弗斯就读的是数学系，当时他连河马和犀牛都分不清，但后来他转换了兴趣开始研究生物。他年轻时在哈佛写的进化生物学论文，为达尔文主义者开辟了一个全新的领域。

在爱克斯罗德开始他的游戏十多年前，特里弗斯就提出，动物表现得善良，可能是因为它们在互相帮助，称为互惠利他（Reciprocal Altruism）。爱克斯罗德发现 TFT 的强大之后，也开始对生物产生兴趣，1981 年，他和汉密尔顿（就是提出亲选择的那位）在《科学》上发表了一篇论文，讨论动物世界里的囚徒困境与合作，大受好评。

1984 年，生物学家杰拉尔德 · S. 威金森（Gerald S. Wilkinson）

带回了他在哥斯达黎加研究吸血蝙蝠（学名 *Desmodus rotundus*）的结果。吸血蝙蝠住在树洞里，一般是雌蝙蝠带着小蝙蝠，组成集群，雄蝙蝠搬出去。虽然有点吓人，蝙蝠间的“室友”关系相当友善。饥饿的蝙蝠可以向吃饱血的蝙蝠乞食，用鼻子磨蹭人家的喉咙，吃饱的蝙蝠会吐出血喂它（当然不是蝙蝠血！）。对蝙蝠来说，互相喂食不是零和游戏。饱蝙蝠能喝下相当于一半体重的血量，然而饿蝙蝠 60 小时喝不到血就会饿死，吃撑的蝙蝠吐一点血出来，自己风险不大，但对于饿蝙蝠却是解了燃眉之急，这笔交易是双赢的。

蝙蝠互相喂食的行为有点像蜜蜂。大多数时候，蝙蝠会把血喂给自家孩子，所以亲选择的解释在这里行得通。然而，热心的蝙蝠也喂毫无亲缘关系的室友。特里弗斯和爱克斯罗德告诉我们，蝙蝠喂食的行为其实是互惠互利关系的展现。蝙蝠既关心亲人,也喜欢“良朋”,跟《诗经》的说法有点不一样。

蝙蝠“室友”共同生活的时间很长，有时长达十几年。它们和英国兵一样，同样面临着“未来的阴影”。于是，自然选择在蝙蝠中开始偏袒那些 TFT 的行为：这次我喂了你，你下次也会来喂我。威金森发现,蝙蝠喜欢喂熟悉的同类,“熟人”可能喂过它，将来它也可以指望“熟人”的报恩。在蝙蝠里，吸血蝙蝠的大脑算是大的，脑中成为新皮层的部分比较发达，似乎说明它们有较好的记忆力，能记住谁是帮过自己的朋友，让善者终有善报。

黑猩猩的政治

在动物世界，互惠利他的例子，远远少于帮助亲戚（亲选择）的例子。TFT 虽然是优秀的策略，但它的使用条件也很苛刻：要有不错的记忆力，能够记住谁是好人（合作），谁是小人（背叛），做到恩怨分明。还要有一帮经常陪在身边的同类（“未来的阴影”），能够成为彼此合作的死党。最符合这些条件的动物莫过于人类，不过，我们先看看人类最近的亲戚。

从 1975 年开始，荷兰科学家弗兰斯·德·瓦尔（Frans De Waal）一直在位于阿纳姆（Arnhem）的博格斯动物园（Burgers' Zoo）观察一群半野生环境里饲养的黑猩猩。见证了 3 只强壮的雄黑猩猩为争夺头领的地位所进行的漫长又跌宕起伏的斗争。这 3 只黑猩猩都有名字，考虑到文化差异，我不打算直呼其名，按照年龄，我把最老的 Yeroen 叫做大叔，中年的 Luit 叫二叔，最年轻的 Nikkie 叫小哥。

虽然黑猩猩体格强壮，但它们之间的地位关系，并不全靠战斗力决定。对它们了解得越多，越会觉得黑猩猩的权位斗争曲折复杂，绵里藏针，甚至还有许多计谋，互惠的 TFT 计策也在其内。

1976 年夏天，当时的雄黑猩猩头领是大叔，二叔对这个位置怀有野心，但它一旦攻击大叔，就会遭到许多雌性和未成年黑猩猩的反抗，甚至殴打。二叔只能避免正面冲突，改为“挖墙脚”。见到雌黑猩猩与大叔靠近，他就会动手打雌黑猩猩，甚至踩在可怜的女士背上跳。

感受到二叔的威胁，大叔与“手下”交流的时间增加了一倍，但无法阻止自己渐渐被孤立，最后被二叔篡位。到后来，即使是旁观者，也能看出大叔请求“手下”帮助，却得不到回应的痛苦和沮丧：大叔扑倒在地，向雌黑猩猩们伸出双手，连声哀叫。得民心者得天下，没有手下提供支持，首领的位置是坐不稳的。

黑猩猩群的稳定依赖于同类间友善的利他行为。这种利他是互惠的，TFT 的利益交易。二叔担任首领之后，对于雌性的态度 180° 大转弯，雌黑猩猩打架的时候，它会主动拉架，减少冲突。它还会“锄强扶弱”，支持打架打输的雌性。这样，整个黑猩猩群的气氛都平静了很多。首领在平时保证大家安全，作为交换，“手下”在非常时刻给予首领支持。

雄黑猩猩相处时，也遵守互惠互利的原则。大叔被赶下宝座之后，与刚成年的小哥亲密起来，这一老一少结成合作关系，与二叔相对抗。双拳难敌四手，1978年，小哥成为头领。大叔扶持小哥称王，对它来说，是一种合作的行为。根据TFT原则，它指望得到小哥的合作作为报答。

然而，小哥的态度不能说恶意，却多少有点含糊不清，“不够意思”。假如两只老雄性发生冲突，只有二叔明显占上风的时候，他才姗姗来迟，帮大叔一把。1980年，大叔和小哥突然反目，二叔乘虚而入，当上了头领。曾经威风的小哥垂头丧气,趴在地上向二叔“致敬”。大叔用背叛报复了小哥的背叛。

雄性黑猩猩之间的互惠合作，更像是政治家的关系，有时显得朝秦暮楚。不久之后，发生了这个黑猩猩群里最大的事故，二叔被咬成重伤，抢救无效身亡。大叔和小哥都没有受多少伤，打败一只孔武有力的雄黑猩猩并不容易，说明它们是联手作案——联盟又恢复了。TFT策略的一大特征，就是懂得宽恕，与背叛过自己的人合作。

天生精明

心理学家有很多让人失望的发现，其中一个就是，人类的逻辑学很差。如果你不信，可以试一下“四卡问题”（Wason selection task）：桌子上有四张纸，每张纸一面是字母，一面是数字且互不重复，假设写着A、B、2、3，我说，凡是写着元音字母的纸片另一面都写着偶数。你要翻开哪两张纸，才能知道我说的对不对？

许多人在这里会选错，至少会停下来想一想。在这里，重要的并不是答案，而是要让大家注意到人类对逻辑推理是很“苦手”的。不过，我并没有觉得人类是傻瓜，我们有我们擅长的领域。

我们换一个问题：你是酒吧的伙计，根据规定，只能卖酒给成年人。酒吧里有四个人，第一个25岁，第二个16岁，第三个买了酒，第四个买了汽水。你觉得哪两个人破坏了这条规矩？

“如果这一面写着元音字母，那么另一面写着偶数”和“如果一人可以买酒，那么一定是成年人”是很相似的问题，逻辑推理过程相同。但哪个比较容易，显而易见。

如果把我们熟悉的喝酒问题换成更陌生的形式，比如“如果一人要吃木薯，那么一定要在额头上刺青”，“如果一人在街上携带激光武器，那么此人一定是外星来的”，我们还是觉得比元音字母的问题要容易。“容易”的问题有个共同点：涉及人类社会中的“交换”。

一场公平的交换，本质上和TFT是一致的。你付出了代价，就能获得利益，相当于张三和李四的合作，或者两只黑猩猩的联盟。人类天生对交换关系敏感，对忘恩负义的骗子尤其敏感。如果一个人没有付出代价，却得到了好处（比如喝酒的十六岁孩子），我们就会义愤填膺，揪住坏人不放。TFT是善良的，也是明察秋毫的。不计得失，一味傻乎乎地与别人合作，就会被聪明人出卖。

自然选择在我们的基因里，塑造了一种本能，帮助人类识别坏蛋，公平交易。大脑某些区域损伤的病人，其他方面的智力都正常，但在回答涉及交换的问题时，却格外的糊涂。说明这一能力很可能存在于特定的脑区里。前面说过的最后通牒赛局，也是这种本能的展现，很多人宁可自己少拿钱，甚至不拿钱，也要主持公道，他们指望靠自己的公平和正直与别人开展友好互利的社会合作。

奥地利动物学家康拉德 · Z. 劳伦兹（Konrad Z. Lorenz）饲养过许多动物，他有一只寒鸦（学名 *Corvus monedula*），这种鸟在求偶的时候，会用嚼烂的虫子喂雌寒鸦。然而劳伦兹的寒鸦偏偏“看上了”主人，不仅喂他虫子，还喂到耳朵里。这只鸟显得好笑，是因为它的本能行为（求偶），发泄在错误的对象上（主人）。有时，人类的表现也跟寒鸦相像。

对待周围的人、动物、器物，甚至于根本不存在的“神明”，我们经常会遵守 TFT 的原则，期待善有善报（你合作我也合作），恶有恶报（你背叛我也背叛），不管对方适不适合玩 TFT 的博弈游戏，甚至根本无知无识，不能博弈。小羊吃奶时弯下前腿，我们不是以为它在跪谢母亲的恩情吗？环境遭到破坏的时候，我们不是会说“这是大自然的报复”吗？售货机“吞”了钱，却没有东西出来，我们不是要给它一脚吗？

强烈的本能冲动驱使着我们，与周围的一切东西进行社会交换，就像寒鸦往主人耳朵里喂虫一样。

长颈鹿宴席

格斗漫画《刃牙》中，主角与冰川里解冻复活的原始人举行拳赛，这虽然是一个零和游戏，但原始人并没有表现得凶恶，甚至友好地把自己的食物（生肉）送给对手。虽然在进化生物学方面，《刃牙》叫人笑掉大牙（在人类的进化史中，很重要的一件事是改吃熟肉！），但至少从某个方面，它反映了猿类（包括直立的无毛猿）的天性：我们喜爱分享食物。

对于食物，大多数动物都是自私的，强者先吃，谁地位高谁吃大份。动物之间的等级关系，之所以叫“啄序”，就是因为它最早是观察母鸡啄食发现的。但黑猩猩与众不同。地位高的雄黑猩猩拿到食物之后，其他黑猩猩就会伸出手朝他讨要。他很乐意把食物分给地位低的黑猩猩，他之所以大方，是因为其中存在互惠的交换，用食物换取“民心”——“手下”的支持。黑猩猩还会把食物送给帮它梳毛的朋友。这里也存在TFT的互惠关系，用梳理毛发的“服务”换取食物，猿和猴都喜欢梳毛，不仅是抓虱子，也是为了维持亲密的关系，就像月饼不仅是食物，也是互送礼物、联络感情的手段一样。

人类也喜欢分食。今天还有一些部落，靠着“纯天然”的自然资源为生。比如生活在巴拉圭的阿契人（Ache），非洲坦桑尼亚地区的哈德扎人（Hadza），男人狩猎野兽、打鱼，女人寻找果实、块根之类素食，还有昆虫等小动物，我们称之为“狩猎 - 采集者”。在狩猎 - 采集者的部落中，有一条不成文的规矩：“小”的食物，比如植物，或者一只鸟，谁找到归谁所有，至少可以拿到大部分，如果是“大”的野兽，就要在全部落中分食，每人都能分到肉。

人类学家吉米·希尔（Kim Hill）、希拉德·卡普兰（Hillard Kaplan）和克里斯汀·霍克斯（Kristen Hawkes）是研究狩猎 - 采集者分享食物的专家。他们的观点各异，但有一处是相同的：分享大动物是一种互惠交易的行为。

希尔和卡普兰关心的是安全问题。狩猎和采集的不同之处，在于它的收获很不稳定，有时很丰厚，有时一无所获。阿契人打猎得到的食物热量，运气好一天有167千焦，比采集（43千焦）高得多，但运气坏就只有20千焦。哈德扎人有时猎到长颈鹿，但平均一个月只有一次。分享食物的一大好处，是减少风险。长颈鹿重达几百千克，幸运的猎人可以举办一次盛宴。部落里的其他人会记着恩惠，按照TFT的原则，下次捕到猎物再报答他。今天你吃我的，明天我吃你的，大家的生活都有保障，也能减少浪费。

霍克斯却对抽象的东西更有兴趣。她注意到出色的哈德扎猎人会受到其他男人的嫉妒，而且，哈德扎人讨厌小气鬼，谁不把肉拿出来分，就会受到大家的唾弃。肉可以用来交换另一种东西：社会地位。大方的人会赢得全部落的尊敬（也会得到女人的崇拜！）。这仍然是互惠的交易关系，不是以肉换肉，而是以肉换权势。

奥茨的启示

1991 年，在奥地利和意大利边境，发现了一具在冰川中封冻了 5000 多年的干尸，我们给他取名奥茨（Ötzi）。这个人给了《刃牙》和其他漫画很多的灵感。当然，他已经无法复活了。奥茨不算强壮（身高 1.6 米，还有动脉硬化的症状），也并不“原始”：他身上到处都是“文明”的痕迹。奥茨穿着皮衣和草斗篷，身上有刺青，还携带了许多工具：石刀、斧头、弓箭和引火器具。他的铜斧做工之精致，连我们现代人都要赞叹。

奥茨的一身行头，出自各种人之手——铜匠、木匠，甚至刺青师。这说明，在他的时代存在一种奇特的动物群体，比牛羚的群体更精诚合作，比黑猩猩的群体更复杂——人的群体。

一个人想在大自然中生存，只会做斧头，做得再好也会饿死。如果他什么都干：打猎、摘果、制造工具……即使有三头六臂，也不可能把每件事都干好。一群人通过互惠交换，就能极大地提高生存效率：擅长做斧头的做斧头，擅长狩猎的狩猎，然后互惠利他，交换劳动成果，两方都得到好处。亚当·斯密曾说过，一个人一天至多造 20 个钉子，在工厂里，十个人合作，一天能造四万多个钉子。其实，“分工合作提高效率”这件事出现得比工厂要早得多。

比起蚂蚁和管水母，人类的团体要“散漫”很多，但我们的社会分工之细致，结构之复杂，跟它们相比毫不逊色。人类社会里最基本的分工，就是男人打猎，女人采集。打猎能得到营养丰富的肉，但失手的风险大，采集比较“旱涝保收”,却得不到足够蛋白质。猎人需要草莓,采果人需要野猪肉，靠着 TFT 的原则，双方合作，我们的生存能力就大大提高了。

达尔文在他阐述自然选择的名著《物种起源》结尾处，很高兴地写道：从自然选择的视角，看待芸芸众生是非常有趣的。用自然选择，尤其是从自然选择所筛选的基因的视角，看待众生（包括人类！）的群体，也是非常有趣的。利他和自私，合作和背叛，也许有一些事情让我们心冷，但也有一些事情让我们相信 1+1 > 2。

第 2 章

爱钓鱼的鸟

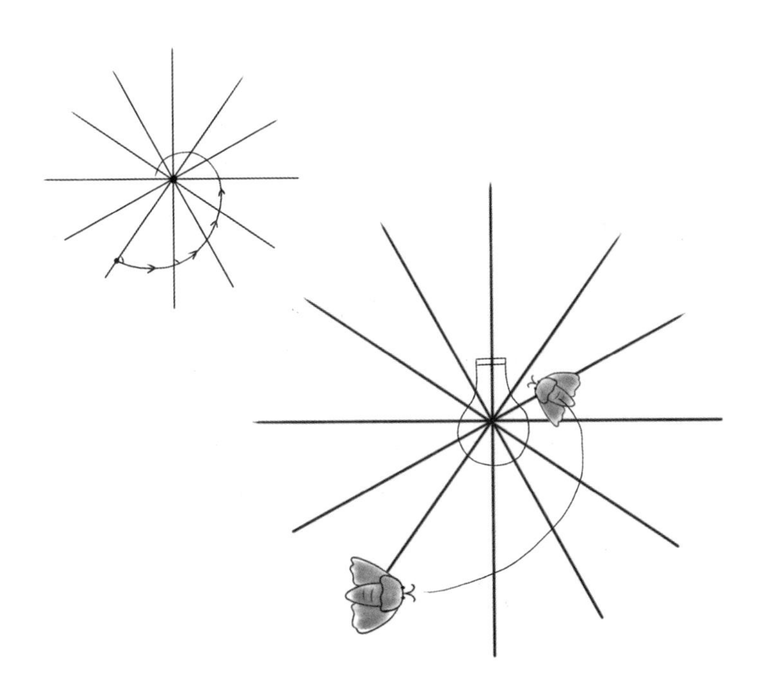

爱熊猫，爱便便

“养小兔子？不行，你知道它拉得又多又臭吗？”很多人小时候都被这句话狠狠地打击过。动物可爱，便便可怕，这是人类一厢情愿的想法。因为我们恰好是一种比较少见的，觉得便便很恶心的动物。

大熊猫，爱便便

猫咪的主人常被戏称为“铲屎官”，熊猫那么萌，做它的铲屎官，大概是很多人梦寐以求的工作。然而事实并没有那么美妙。这不仅仅是因为，熊猫是一种熊，也不仅仅是因为，它们比猫危险得多。

春天竹笋长出来的时候，大熊猫几乎只吃笋，平时吃竹叶和竹秆。竹笋里 7/8 都是水，野生动物学家乔治·比尔斯·夏勒（George Beals Schaller）说过，熊猫以竹笋为生，就像一个人只吃西瓜一样。大多数食草兽类，都有体积庞大、结构复杂的消化系统来对付粗糙的食物。大熊猫不然，它的肠子很短，胃是简单的一个“口袋”。它从竹子里得到的营养，少得可怜。

所以熊猫一刻不停地在吃，一天可以吃下 40 千克笋或者 17 千克竹秆，并尽快把这些东西运过消化道。春天，大熊猫每天排便 130 多次，每次的量达到 180 克。熊猫的便便是暗绿色的，不臭，还有青草般的清香。跟吃下去之前相比，它并没有太大的变化，里面甚至能找到咬碎成一丝一丝的竹秆，叫做“咬节”，这是野外研究大熊猫重要的资料。

吃竹秆和竹叶的季节里，会出现一件怪事，熊猫的便量比食量大。竹叶一半是水，在植物里算是含水少的，大熊猫只能从竹叶里吸取很少的营养，却要喝进大量的水，好让肠道里的东西“顺利通过”。

黑猩猩的智慧

塞内加尔的方果力（Fongoli）是黑猩猩的分布地区里最靠西北的地方。这里气候干旱炎热，草地多于森林。黑猩猩以森林中的植物为主食，对它们来说，方果力是个很贫瘠的地方，必须采取一点非常手段，来获取宝贵的营养。

刺合欢（学名 *Parkia biglodosa*）和猴面包树（学名 *Adansonia digitata*）的果实是黑猩猩重要的食物来源。这两种果实里面的种子，都有结实的外壳，里面富含蛋白质、脂质和水分。黑猩猩吃果子的时候，把种子整吞下去，这当然不太利于营养的吸收。

它们会用手接住刚排出的粪便，把种子都拣出来，当成美味佳肴吃掉。在肠胃里走了一遭之后，外壳变得脆弱，更容易咀嚼，有利于吸收。吃完以后，黑猩猩还要在树皮上擦嘴。在猴面包树果实成熟的季节（9 月到第二年 1 月），“循环利用”的猴面包树种子在黑猩猩的食物中，重要性排第三。对于黑猩猩来说，这是不是一种很可怕的生活方式呢，我们就不得而知了。

顺便一提，坦桑尼亚的哈德扎人（Hadza），也懂得猴面包树种子的价值。他们从狒狒的粪堆里拣出种子，洗干净，捣碎，做成类似面粉的食物。

盲肠里的盛馔

同样是以粗糙的植物为生，兔子的消化能力远胜熊猫。主要的原因在于它有一个了不起的盲肠。这是一个长形的口袋，里面生活着大量细菌，可以分解草和蔬菜里的纤维素。还有一些细菌，能产生 B 族维生素和维生素 K，为兔子增加营养。但是，兔子也有它自己的难题。它吃的东西在肠子里停留的时间很短，细菌来不及完成分解纤维素的工作，这些“过客”就被“送出门外”了。

所以，兔子的肠道里另有一套玄机，用来提高营养吸收的效率。兔子的结肠会分泌水分，冲洗肠内的食物残渣，把比较细、软，能溶于水的部分冲出来，然后借助肠道蠕动的力量，把它们送进巨大的盲肠，让微生物进行分解。留下来的，比较粗硬的部分，会被结肠吸干水分，变成一粒粒又干又硬的褐色东西，也就是常见的兔子便便。

盲肠里的内容物，也会走同样的“出口”，来到兔子体外。它比普通的硬粪便含水多，蛋白质含量是硬粪便的 1.8 倍，还有纤维素分解成的糖类、维生素、脂肪酸和微量元素。一般人很少见到这种特殊的“营养品”，一来，兔子排出盲肠“存货”的时间，是午夜 0 点到 3 点；二来，“存货”一出来，兔子就弯腰用嘴接住，贪婪地把它吃掉。其他一些小型的食草动物，包括鼠类和有袋动物，也能制造这种盲肠里的营养品。

黑豆状的普通兔子粪，营养贫乏，兔子是不爱吃的。野生兔子在洞穴里，躲避捕食者的时候，会拿“黑豆”来啃一啃解决饥饿，聊胜于无嘛。

世上只有妈妈（的便便）好！

树袋熊只吃桉树叶，这个单调食谱的好处是，食物随处可得，没有谁跟它争食。坏处是，桉树具有强大的化学武器。桉树叶含有许多单宁，单宁会跟蛋白质牢固地结合起来变得无法消化。许多植物都用单宁来打击嘴馋的动物，难吃的青柿子，生核桃芬芳苦涩的绿皮，咬一口，舌头就像抹了胶水一样，这就是单宁的功劳。

母乳是容易消化的食物，但桉树叶就不同了。断奶之后，小树袋熊的进食，就仿佛游戏被调节成“困难”模式。树袋熊也有硕大的盲肠，里面有多种细菌，有的能分解纤维素，有的能“拆开”结合在一起的单宁和蛋白质，让蛋白质重新变得可以吸收。小树袋熊用一种非常奇特的办法，从母亲那里得到这些消化食物必需的细菌。

小树袋熊长到6~7个月，就开始尝试母乳以外的“食物”了。它从袋子里探出头和前爪，用鼻子蹭母亲肛门周围的毛。受到这个刺激，雌树袋熊就会排出盲肠里的糊状物。小树袋熊迫不及待地把它舔掉。严格说来，小树袋熊的“营养品”并不是便便。正常的树袋熊便便是干硬的圆丸状，肠道榨干了里面的水分，多数细菌都被杀死了。“营养品”通过肠道的速度很快，保证细菌完好无损，直接送给小树袋熊。

这种特殊的食物，每天要服用2~7次，大约20天以后，小树袋熊就可以食用新鲜的桉树叶了。桉树叶含有香气冲鼻的芳香油，可以做咳嗽糖的香料。树袋熊身上沾着桉树叶汁，所以它虽然吃便便却浑身散发出“糖果味”的芳香。

小海豹的长肉生活

在北极，软软的、白白的、鼻子黑黑的、眼睛湿漉漉的海豹幼崽，可爱的样子让人少女心萌动。它们躺在雪地上，是在干什么呢?

答案很让少女心破灭：吃，还有长胖。

喂奶的吉尼斯纪录

生活在北极，海豹面临一个很大的危险:北极熊。在水里，海豹速度可以完虐熊,但是陆地上它根本没有还手（鳍）之力。海豹不能一直躲在水里，首先，它必须到水面上换气，其次，它必须在陆地上生小海豹。北极的小海豹要赶快发育，长大到可以游水躲避北极熊，为此，海豹只能把哺乳的时间尽量压缩。

想说明海豹的哺乳方法奇葩到了什么程度，一个最极端的例子是冠海豹（学名 *Cystophora cristata*）。一般来说，越是大型的动物，生活节奏越慢，寿命也越长。雌的冠海豹体重 150 千克以上，雄海豹可以达到她的两倍，寿命 30 年，算是寿命较长的大型动物。作为对比,我们再看看小动物,欧洲鼩鼱（学名 *Sorex araneus*）体重 12 克，寿命仅一年。

哺乳时间呢？鼩鼱幼崽 22 天断奶，冠海豹幼崽……5~12

天断奶，最短 4 天！这是所有动物里最短的哺乳期了。

顺便一提，还有一种动物，比起和它体格相同的其他动物，哺乳的时间异常的长……那就是人。

日常生活就是吃和长肉

跟人类婴儿不同，小海豹刚出生时非常瘦。竖琴海豹（学名 *Phoca groenlandicus*），也就是出镜最多的、可爱的毛茸茸白海豹，出生时体重只有 3% 是脂肪，比竞赛期的健美选手还少。肥萌软汤团的外表，完全是白绒绒的毛皮造成的错觉。

小海豹在长肉

冠海豹的体脂肪要多一些，刚出生的小海豹有 14% 的体脂肪量，相当于普通男人。可能是因为它待在不稳定的浮冰上，妈妈很难准时找到它，而且有跌落到海中的危险，脂肪能提供保命的能量储备，也可以在水里保暖。它的哺乳期极端的短，也许是另一个原因（生下来多一点肥肉，就可以少喂一点奶）。

但是，断奶后 13 天，小竖琴海豹的脂肪竟占到体重的

47%。它平均每天吃奶 3.7 千克，体重增长 2.3 千克，这是海豹奶的功劳，哺乳前期，竖琴海豹奶的脂肪含量是 36%，后期升到 57%，跟奶油一样，冠海豹甚至更高，可以超过 60%。

在短短 4 天的哺乳中，冠海豹宝宝能长胖 20 多千克。虽然如此神速，但小海豹的内脏成长速度，并不比普通的家猪快，甚至有些器官还要更慢。它增长的体重里，脂肪占到 70% 以上。

这个过程中，脂肪就像从加油站到油箱里一样，雌冠海豹的体重从 179 千克掉到 150 千克，其中八成是脂肪。另外，雌冠海豹合成乳汁的速率也是海豹里最快的。

妈，是不是该给我打钱了?

断奶之后，小海豹不是立即转为吃鱼和磷虾，而是断食相当长的一段时间。雌海豹回到海里，把小海豹丢在浮冰上，随波逐流 4 ～ 6 星期的时间（真是狠心的妈），然后小海豹才下海觅食。这个禁食过程中，囤积起来的肥肉就有用了，小海豹禁食期的能量来源，一半来自皮下脂肪，另一半来自内部组织。

通过迅速增肥和长时间禁食的结合，小海豹把摄取食物和消耗能量分开了，而在人类中，这两件事总是联系得很紧密。

我们作为一种少食多餐的动物，会觉得小海豹的生活不可思议（一天给你 200 个汉堡，50 块巧克力，然后让你两个月不吃）。但是，人类中间也存在着“短时间解决吃饭问题，然后长时间不闻不问”的策略，问问你爹妈你就知道了，这个办法一般称为“生活费”。

猴子不应该吃香蕉吗?

猴子的饮食习惯：树叶当主菜，香蕉当点心

英国“美食”举世闻名，连猴子也受到荼毒。2014年，《卫报》（*The Guardian*）报道，佩恩顿动物园（Paignton Zoo）从猴子的食谱里拿掉了香蕉，代之以绿色蔬菜和树叶。管理方解释说，水果的养分不均衡，糖分多，纤维素少，让猴子吃太多香蕉，就像小孩拿蛋糕、巧克力当饭一样，有碍健康。猴子对此可能有些意见，但它们又不是小孩子，不管怎样闹，大人也不会心软。

猴子吃香蕉有碍健康，很多人听到这里会无法接受。从老祖先孙大圣开始，猴子吃水果不就是天经地义的事吗？香蕉不是健康食品，难道还是垃圾食品不成？要知道猴子为什么不该吃太多香蕉，首先要理解猴子的健康饮食标准。

灵长目动物的食谱各式各样。一些保留原始特征的小猴，比如眼镜猴属（*Tarsius* spp.），85%的食物是昆虫。狮尾狒狒（学名 *Theropithecus gelada*）几乎只吃草。倭狨（学名 *Cebuella pygmaea*）咬破树干，舔食流出来的树汁，顺便捕捉被树汁吸引过来的昆虫。金竹驯狐猴（学名 *Hapalemur aureus*）更奇怪，它的主食是一种大型竹子（学名 *Cathariostachys madagascariensis*)，含有剧毒的氰化物，它每天摄入的氰化物，是同等大小动物致死量的 12 倍。

大多数灵长类的食物里，都包含大量纤维素含量高、营养价值低的植物茎叶。这是人类和猴子食谱最基本的不同。疣猴亚科（Colobinae）的金丝猴和叶猴，拥有巨大的胃（容量可以达到 3 升），里面居住着众多的共生微生物。虽然四肢苗条，但是这些猴子看上去还是像有啤酒肚。

微生物可以分解纤维素，帮助猴子消化树叶、树枝，还有金丝猴的特色菜“松萝”，这是一种长在树枝上的地衣，貌似挂在树上的白胡子。从这方面来看，猴子的胃更像是羊而不是人。广西南部的珍稀动物白头叶猴（学名 *Presbytis leucocephalus*），食谱里有 42 种植物，即使是在果实成熟的 7—8 月，它的食物也只有 35% 是果子，其余几乎都是树叶。

人的肠胃体积小，构造简单，只能接受容易消化的，“细致”的食物，对我们来说，香蕉算是高纤维，对猴子来说就是“细腻丝滑”，跟巧克力差不多。猴子的高纤维食物，比如树叶青草，我们根本无法入口，只能做床垫。

嘴馋之过：淀粉虽好，贪多有危险

也有一些东西，是我们经常吃，但猴子不能随便吃的。孙悟空离开花果山之后，从吃桃子改成吃米饭。虽然灵长类都具有消化淀粉的能力，但我们在这方面要超出其他猿和猴子。人类有好几个制造唾液淀粉酶的基因，而黑猩猩只有两个。淀粉酶基因越多，消化淀粉的能力也就越强。

动物园里猴子的伙食，确实会包括一些谷物和薯类，但必须控制好量，不能太多。比如成都动物园的川金丝猴，每天可以得到 300 克窝头、150 克白薯和 1 千克蔬菜（每周还喂一次大蒜，不知为何）。对于主食是树叶的猴子来说，食用太多淀粉，破坏了胃里微生物的“生态平衡”，甚至会有生命危险。糟糕的是，对猴子有害的东西，偏偏也有非常大的诱惑力。

淀粉和糖都含有很多的能量，植物不会无缘无故浪费能量，在自己的组织里堆积糖或淀粉，把树干变成面包，树叶变成饼干。宝贵的淀粉和糖,要不然是作为植物生长所需的“储备粮”，存放在种子和地下根、茎里，用毒素和硬壳严密保护起来，要不然是作为零星的“红包”，以花蜜、果肉的形式，奖励传播种子或花粉的动物。

自然环境里，富含糖和淀粉的食物，都是难得的珍品。动物吃到之后，可以享受丰富能量带来的好处，又很少有机会吃得过量。大多数灵长类动物,都进化出了对于高能量食物,特别是对糖的强烈偏爱。喜欢吃甜食对它们是有益的。

到了人类世界里，蛋糕、点心唾手可得，即使是香蕉、白薯这样的“天然”植物组织,也经过人工选择变得果实更大,糖分更多，纤维素更少。这时，嘴馋就成为一个缺点了。日本大阪的奥哈马公园（Ohama Park）里,虽然有“禁止投喂动物”的警告牌，猕猴（学名 *Macaca mulatta*）还是因为游客喂给的零食，胖得一塌糊涂，有的猴子体重达到了 20 千克（正常的猕猴只有 7.7 千克重）。

2012 年，北京动物园有一只川金丝猴（学名 *Rhinopithecus roxellana*）死于急性胃病。具体病因不明,但有一件事值得注意：在金丝猴展区，有很多游客喂猴子，有人把东西高高扔起来，越过铁丝网，还有人把玻璃展窗的接缝弄开，把食物递过去。游客以为只是“玩耍”的举动,对世界仅存几千只的珍稀动物,却可能是致命的危险。

钓鱼？鸟也会！

这是平常的一天，在巴黎的杜乐丽花园（Jardindes Tuileries），游人往水池里扔面包喂鸭子。一只银鸥（学名 *Larus argentatus*）飞落到鸭群旁边，接起一片面包，并没有吃，而是把面包放进水里，低头看着它，如果面包往下沉了，就把它捞起来。

它这么做的目的，很快就出现了：馋嘴的鱼向面包游了过来，银鸥一下啄中了一条手指那么长的金鱼。如果面包被鱼吃掉了，它就从游人那里再捡一片。15 分钟内，这只鸟用了 10 片面包，逮到两条鱼。

这是皮埃尔 - 伊夫 · 亨利（Pierre-Yves Henry）和简 - 克里斯托弗 · 阿泽尔（Jean-Christophe Aznar）在 2005 年观察到的一幕。鸟会使用诱饵抓鱼已经不是新闻了。根据威廉 · E. 戴维斯（William E. Davis）和朱丽叶 · 吉克弗斯（Julie Zickefoose）1998 年的统计，人们目击过 9 种鸟会这门技巧（现在这个数字可能还有增加），包括海鸥和鹰科的猛禽黑鸢（学名 *Milvus migrans*），其余大多属于鹭科。

最著名的渔夫是绿鹭（学名 *Butorides striatus*）和美洲绿鹭（学名 *Butorides virescens*）。1958 年已有人发表论文，介绍绿鹭用诱饵捉鱼的神奇本领。西非、南非、美国、古巴、秘鲁和日本，都有人目击到这两种“渔夫”钓鱼的奇景。

东京大学的名誉教授樋口広芳（Hiroyoshi Higuchi）发现，日本和美国的绿鹭渔夫，在技巧上各有不同，自成门派。樋口在日本熊本地区见到的绿鹭，随便抓到什么就拿什么来当诱饵，小树枝、叶子、羽毛、昆虫皆可。然而美国佛罗里达的美洲绿鹭比较挑剔，专门爱用游人丢下的爆米花和面包。日本的鹭会把诱饵扔到离鱼很近的地方，美国的鹭放得远一些，等着鱼自己游过来。这可能是因为面包比叶子更具诱鱼效果，虽然喂过鱼的人都知道，好奇的鱼看见什么都会尝一尝。

绿鹭花在捕鱼上的时间和成果，也各有不同。熊本的一座公园池塘里的绿鹭，有些只是偶尔为之，有些把超过 80% 的捕食时间都花在用诱饵捉鱼上。栖息地里有树丛和石头，可以藏匿身形的绿鹭，平均在 1 小时内，可以用 3.8 个诱饵抓到 2.6 条鱼。樋口不满足于光看热闹。在迈阿密水族馆（Miami Seaquarium），他把面包和鱼饵撒进水里，故意让一只人工饲养的绿鹭看到。这只鸟借机揩油，抓到不少被诱来的小鱼，但它从来没有自己拿起诱饵诱鱼。樋口教授认为，这说明钓鱼不是本能，而是一种罕见的学习而来的行为。

戴维斯和吉克弗斯进一步列举了“钓鱼技巧”是学习而来的三条理由：

第一，这种行为相当稀少，绿鹭是一种分布很广泛的鸟，而绿鹭钓鱼的报道总是东一处西一处零星地出现。

第二，有些鸟用人扔下的食物做饵，它们可能是看到游人喂鱼而学会钓鱼的。

第三，在同一个地方，往往会出现好几只会钓鱼的鸟（樋口在熊本的公园里，发现一个池塘有三只绿鹭会钓鱼），说明它们可能相互学习过。

你不能说鸟愚蠢（在整个动物界里，鸟类的大脑算是很发达的），但它们显然没有聪明到姜太公的程度。理解“鱼吃面包”“可以用面包诱捕鱼”这些知识超出了鸟类的能力。借助训练，鸟可以学会很奇特的技能，而不用理解背后的原理。美国心理学家伯尔赫斯·弗雷德里克·斯金纳（Burrhus Frederic Skinner）曾教会鸽子打乒乓球，不过，他并不是要训练鸽子马戏演员，而是在研究动物是怎样学习新技能的。

斯金纳发明了一种装置，称为斯金纳箱，用奖励（食物）或惩罚（电击）来训练动物。最简单的斯金纳箱，里面有一个横杆或者按钮，按动按钮就会有饲料掉进来。把鸽子或老鼠关进箱子，因为动物总在随机乱动，偶然碰到了按钮，就得到饲料。久而久之，鸽子就会一再按按钮（反之，如果是按下就被电击，鸽子会尽量避免碰到它）。斯金纳靠着记录鸽子啄按钮的频次，了解“学习”是怎样进行的。他把这个“奖善惩恶”的学习过程，称为操作条件反射。

虽然鸽子对于箱子的结构一无所知，但只要有奖赏，它就会一再重复这个行为。在自然界，也能观察到动物像斯金纳箱里的鸽子一样学会新技能。1921年，有人在英格兰看见大山雀（学名 *Parus major*）啄破牛奶瓶上的蜡封，偷喝牛奶，后来英格兰、苏格兰和威尔士的大山雀都学会了这一招。这是一个天然的“斯金纳箱”。山雀随机乱啄，偶然啄破了瓶盖，尝到了甜头，就一再作案，成了“惯偷”。我们可以猜想，如果一只绿鹭，或者别的什么鸟，偶然把什么东西掉进水里，鱼被吸引过来，这个突然出现的奖励，能使它继续重复往水里扔东西，变成一位“渔夫”。

不过人类也无权嘲笑呆鸟。因为我们也会把一些事情，和偶然出现的奖励联系起来，而不知道背后的运作原理。科普作家理查德·道金斯（Richard Dawkins）转述过他朋友讲的一个故事：有个在拉斯维加斯赌钱的人，每次下注以后，就跑到赌场里一个特定的位置，单脚站在一块地砖上。也许他有一次赢钱的时候，正好是站在这里，以后他一直把这块砖当成自己的“幸运位置”。就像绿鹭一样，它被意外得到的“鱼”迷住了。

鸟中贤者
——乌鸦的自白

在下是只鸟，名为渡鸦（学名 *Corvus corax*）。我的佣人伯恩德·海因里希（Bernd Heinrich）叫我 4 号，他是美国佛蒙特大学（University of Vermont）的一位教授，专业方向是鸟类和昆虫。1990 年，海因里希与我合作进行了一项研究。我向他稍稍展现了一下我们乌鸦的聪明才智。

虽然乌鸦家族的形象不是很好——黑不溜秋，爱吃死尸的眼珠，还经常欺负别的鸟——但我们的智慧毋庸置疑。在北欧神话里，奥丁大神有两只渡鸦，它们飞遍人间世界，为神收集消息。印第安人则相信，渡鸦是创世神和诡计多端的骗子，这些都是很恰如其分的赞美。

那一年的冬天，海因里希在我鸟舍的栖木上拴了一些细绳子，绳子的另一头挂着干香肠。我们啄绳子，拉绳子，从地下往上跳，全无效果。一天之后，我就找到了窍门——低下头，叼起一小段绳子，踩在脚下，然后再叼，再踩，直到它缩短到可以直接够到香肠——后来我的室友们也相继成功了。即便在渡鸦里，我的智慧也属出类拔萃。

得到绳子上的香肠，需要以正确的顺序，做出一大套复杂的动作，我们不是通过慢慢摸索，找到正确的方法；而是从毫无章法的乱啄，一下灵光闪现，突然发明出整套高端动作，这显示了我们具有洞察力（insight）。就像是阿基米德从澡盆里跳出来，大叫“我知道了”。

海因里希说，别的一些小鸟，比如金丝雀，也能学会拉绳子拿吃的。但它们的智力有限，要人类先把食饵放在栖木上，然后拴上绳子，一点点放长绳子，经过不断尝试（也不断试错），渐渐学会拉绳的技巧。虽然同是雀形目，金丝雀怎么能跟渡鸦相比呢？对我来说，那些漂亮的小东西，只是长着翅膀的蛋白质而已。

如果我这个例子还不够使你相信乌鸦家族的智慧高超，那么你可以再看看我的几个亲戚。西北鸦（学名 *Corvus caurinus*）生活在北美洲，跟我的口味不同，它喜欢海鲜。西北鸦通常在海滩上，搜寻一种岩螺（学名 *Thais lamellosa*），然后飞到岸上，从高空把它扔下来，摔碎螺壳，吃里面的肉。

整个获取食物的过程都经过演化的细细打磨，旨在以最少的消耗得到最大的收获。西北鸦只挑个头大的螺（长约 4 厘米，也就是和橄榄差不多大），除了看，还会叼起来一个个掂重量。平均每个大螺包含的热量是 2.04 千卡，中不溜的 0.60 千卡，小螺只有 0.11 千卡，每一次飞上空中摔岩螺，都要消耗 0.55 千卡，也就是说，从包含的能量来看，只有大岩螺值得一吃。如果能找到的螺都很小，它们宁可去吃其他东西。

另外，大螺因为比较重，从高空摔下比小螺更易碎（从 10 米高度掉下来，小螺要 10 次才会摔碎，大螺只要两三次）。西北鸦还会控制飞行的高度（平均大约 5.2 米，差不多是摔碎岩螺所需的最小高度，上升飞行是很耗力气的），挑选石头地，作为砸海螺的砧子。如果岩螺砸得太碎，碎螺壳混到了肉里，它就在淡水里洗一洗再吃下去。

骄傲的人类也许会说，这只是本能而已。但用本能来证明动物很聪明是不靠谱的。许多了不起的行为都是自然选择雕琢的结果。蜜蜂的巢是完美的六角形,可它并不懂平面几何。的确，自然选择只是适者生存而已，并没有一个聪明的家伙设计出这些巧夺天工的作品。但是，在自然选择的手无法触及的范畴中，我们仍然表现得足智多谋。

都听过乌鸦喝水的故事吧？这仅仅是一个故事吗？还是我们乌鸦的王国中，真出过一名料事如神的乌鸦智者？ 2009年，一群秃鼻乌鸦（学名 *Corvus frugilegus*）曾经证明，“乌鸦喝水”的技巧是可以在现实中实现的。人类按照伊索故事的描述，发明了一套刁难它们的工具：一个透明的筒，装着水，上面漂着一只乌鸦喜欢吃的虫子，旁边是一堆石头子。水面高度有限，鸟喙无法够到。它们很快学会乌鸦喝水的办法来吃到虫子：把石头扔进水筒，让水面上涨，虫子就会上升到可以触及的高度了。

它们得到虫子的成功率超过 98%。秃鼻乌鸦还可以估算用几块石头，才能让水面升得足够高。如果虫子还离得很远，它们不会白费劲去啄它，直到还差一两块石头的时候，它们才会用嘴伸进筒里试一试（然后再扔进一两块）。它们还学会了一些小知识，大石头比小石头好使（水面上升得多），往锯末里扔石头是徒劳。

愚蠢的人类欢欣鼓舞，伊索寓言可能不是凭空杜撰的！更让他们惊讶的是，野生的秃鼻乌鸦从不用工具，秃鼻乌鸦“喝”水的实验展现的是其高超的学习能力。我们的行为具有极强的可塑性，可以随环境改变，跟死板的蜜蜂完全不一样。

不过，乌鸦中的爱因斯坦，还要属新喀鸦（学名 *Corvus moneduloides*）。人类曾经被定义为“会创造和使用工具的动物”，按此说，新喀鸦就是人。这些生活在热带太平洋小岛上的小家伙会制造两种工具用来捉树洞里的虫子。一种工具是露兜树（学名 *Pandanu* spp.）的树叶。乌鸦从树叶边缘上咬下一长条，露兜树叶子上有倒刺，可以像钩子一样把虫子牢牢挂住。咬下的叶子形状是有讲究的，一头宽，一头窄，宽的一头比较结实，同时窄的一头容易伸进树洞，方便乌鸦进行精细操作。

另一种工具更加复杂，先选一个两杈的小树枝，咬住树杈上面一点点的地方，把一个树枝拧掉，然后再咬住树杈下面，把残余的树枝和小桩子一起拧下来。这样就有了一个木头钩子，一根树枝连着一个小树桩，两者成一个夹角。接下来再做一些细节工作，拔掉树枝上的叶子，用嘴剥掉钩子上多余的木片，这个工具就可以用来“钓”虫子了。这套技巧年轻乌鸦要反复练习才能学会。

新喀鸦还会发明新工具。在实验室里，一只叫贝蒂（Betty）的新喀鸦会用弯铁丝当钩子，把装在筒里的食物钩出来，如果没有弯铁丝，它就把直铁丝掰弯来自制钩子，没有人教过它，完全出自原创。甚至有人把乌鸦的智慧和早期人类比较——好像把我们跟你们相提并论，是多大的荣誉似的。身为猿类很神气吗？连黑猩猩都要经过指导，才能学会使用工具（用拉直的管子够到苹果）。哼！如果不是你们会造香肠的话，我才不会把世界主人的位置，让给你们这些直立的裸猿呢！

老鱼与海

海中之狼

1921年，在西班牙西北海岸的威戈港（Vigo），还未获得诺贝尔奖的海明威看见一条体长1.8米的巨鱼一跃而起，再落回水中，发出“如同马群跳下码头的巨响”。这条鱼不是《老人与海》中的明星马林鱼（旗鱼科），而是大西洋蓝鳍金枪鱼（学名 *Thunnus thynnus*，英文 Atlantic Bluefin Tuna）。海明威兴奋地说，如果谁能捕到这样一条鱼，必能“无愧于和古老的众神同列”。

蓝鳍金枪鱼，也叫黑鲔，是大西洋蓝鳍金枪鱼和太平洋蓝鳍金枪鱼（学名 *T. orientalis*）、南方蓝鳍金枪鱼（学名 *T. maccoyii*）3个种的统称。它们是金枪鱼家族中体型最大、最名贵，也是处境最危险的一类。

蓝鳍金枪鱼的外衣颜色之美，足以和它铿锵华丽的中文名相比，亮蓝色的脊背，银白的腹部带着晕光，流线型的身体宛若一颗鱼雷，饱含强健的肌肉组织，新月形的鱼尾每秒可摆动30次，泳速最快达到每小时72千米，可以连续游动8000千米，在60天内跨越大西洋。那条海明威欣喜不已的巨鱼，在大西洋蓝鳍金枪鱼中只是小个子，大西洋蓝鳍金枪鱼的体重可以超过 400 千克，足以同《老人与海》中壮美的马林鱼平起平坐。

为了维持运动所需的高速新陈代谢，金枪鱼体内含有大量吸收氧气的肌红蛋白，还拥有产生热的肌肉，发达的血管把热保存在体内，使它的体温比周围的水温高出 8℃。蓝鳍金枪鱼是海中之狼，整个身体都向着追求泳速和力量的方向进化，以飞快的速度追捕小鱼和鱿鱼。

大西洋蓝鳍金枪鱼

金枪鱼物种危机

这些华丽的动物，死了也同样身价不凡。东京的筑地市场（Tsukiji）拥有世界上最大的蓝鳍金枪鱼拍卖会，2011 年 1 月，一条 342 千克重的大西洋蓝鳍金枪鱼在这里，以将近 40 万美元的价格售出。蓝鳍金枪鱼肉的脂肪含量达到 15%，比其他金枪鱼高得多，因此入口即化，风味独特。在日本这个海鲜之国，蓝鳍金枪鱼丰腴的腹肉被视为顶级珍馐，对于金枪鱼不同部位的风味和烹饪方法，老饕们总是津津乐道。

美中不足的是，蓝鳍金枪鱼体内的汞含量是沙丁鱼的 60 倍。蓝鳍金枪鱼是顶级捕食者，小鱼要吃一大堆浮游生物，大鱼又吃一大堆小鱼，这样有毒物质很容易在食物金字塔高端的动物体内富集。汞中毒的症状包括头痛、肾脏受损和性功能减退。

捕捉大西洋蓝鳍金枪鱼的渔业，古而有之，但蓝鳍金枪鱼因为脂肪太多，太易腐臭，并不是很受欢迎，有时甚至沦为饲料。所以那时的捕鱼业虽然缺乏管理，但不至于给大西洋蓝鳍带来太大的压力。

“二战”后，随着捕鱼和冷冻技术的发展，海洋成了人类的狩猎场，20 世纪 60 年代，美国用拖网捕捉大量的大西洋蓝鳍做罐头，导致蓝鳍幼鱼的种群大大缩减。1972 年，日本开始用飞机，从美国和加拿大运送冷冻的大西洋蓝鳍回国，备受好评。开始，这些大鱼的价格很便宜，但很快就扶摇直上。往昔贱比粪土的大西洋蓝鳍金枪鱼，俨然成为长着鳍的黄金。

然而身价暴涨对蓝鳍金枪鱼来说，却是灭顶之灾。1989 年，大西洋蓝鳍金枪鱼的数量只剩 1970 年的 20%，如今更是只剩 10%。根据世界自然基金会（World Wide Fundfor Nature，简称 WWF）的估计，2006 年的蓝鳍金枪鱼捕捞量，全球至少超额了 30%。世界自然保护联盟（International Union for Conservation of Nature and Natural Resources，IUCN）把大西洋蓝鳍金枪鱼的表亲，南方蓝鳍金枪鱼列为极危物种（Critically Endangered）——野外濒危物种的最高级别，顺便说一句，由于我们的管理保护有效，大熊猫现在的地位是易危（Vulnerable），比南方蓝鳍金枪鱼低两级。

亡“鱼”补牢

大西洋蓝鳍金枪鱼的分布范围极广，参与捕捉的国家有几十个，捕捉这种鱼类的利润又很高，其间的利益纠葛非常复杂，保护这个物种的工作也变得极为困难。

2010 年 3 月，在联合国的《濒危野生动植物种国际贸易公约》(*Convention on International Trade in Endangered Species*, CITES)会议上，摩纳哥建议把大西洋蓝鳍金枪鱼列入公约的附录一，列入这里面的生物如大象、老虎，在国际上贸易将遭到严令禁止。日本(毫不奇怪地)带头反对这一议案，最后禁止大西洋蓝鳍金枪鱼国际贸易的建议遭到否决。

地中海地区一些国家在尝试蓄养大西洋蓝鳍金枪鱼，年产量有一万多吨。但人工饲养法的不如意之处还是很多。鱼吃饲料一般很省，因为它是冷血的，消耗热量少，水的浮力又让它不必耗费气力支撑体重。但蓝鳍金枪鱼不同，它的温血和快速新陈代谢，需要消耗巨大的能量，每生产 1 千克金枪鱼，需要 15~30 千克的小鱼做饲料——比人工饲养的鲑鱼高出近 10 倍。而且蓝鳍金枪鱼很挑嘴，喂它吃的小鱼，质量要求和供人吃的鱼一样。

最要命的是，大西洋蓝鳍金枪鱼生长很慢——8 岁性成熟，寿命可长达 30 岁。作为人工饲养的动物，生长慢是一个很大的缺陷。地中海的饲养法，是在 5 月下旬到 7 月之间大西洋蓝鳍金枪鱼游往地中海产卵的时候，捕捞 50 千克重的金枪鱼，然后蓄养 6 个月，在这个过程中，金枪鱼会增重 15%~20%。说到底，这只是把野生金枪鱼捉起来喂养，让它长胖一点，并没有解决金枪鱼来源的根本问题。而且，捕捉太多年轻的金枪鱼，会影响到野生鱼的繁殖。

人工繁殖金枪鱼的技术，也在热火朝天的研究中。2009 年，在西班牙，养在鱼笼里的 35 条大西洋蓝鳍金枪鱼产下了 1 亿多粒卵，这是大西洋蓝鳍金枪鱼首次在人工环境下产卵成功。这些卵孵出的小鱼，最长命的活到了 73 天，长到 14 厘米长。大西洋蓝鳍金枪鱼的近亲太平洋蓝鳍金枪鱼，在日本早已有了相对成熟的人工养殖业（1970年开始人工饲养0.5千克重的小鱼，2002年开始用人工饲养的金枪鱼卵繁殖小鱼），也许这会是一条新出路。

在海明威的故事里，老桑提亚哥连续84天一无所获之后，还假装若无其事跟孩子讨论渔网和锅里的饭。实际上渔网已经变卖，食物也早已见底，同样的事情，是否正在现实世界的海洋里发生呢?

小夜蛾迷路记

夜深了。吵吵嚷嚷的蜜蜂和蝉儿都睡着了，但蝈蝈的小乐团还在热火朝天地练习，院子还是像白天那么热闹。

“小夜蛾，醒醒！”尺蛾姐姐穿着一件白底黑小碎花的连衣裙，在篱笆墙上的蔷薇花前飞来飞去，“后院的瓠子姐姐今天晚上开花蜜聚会！要不要去呀？”

难怪尺蛾姐姐这么高兴。瓠子就是当成蔬菜吃的葫芦，果子不是像葫芦那样又圆又胖，而是长长的圆筒形。她的花是白色的，晚上才开，最欢迎的朋友不是蜜蜂、蝴蝶，而是上夜班的蛾子们。

“那当然好，”小夜蛾揉揉眼睛，抓抓触角，“可我不认识路呀。”

“没关系！”尺蛾姐姐落在蔷薇花上，“我教你认路！”

两只蛾子并排飞进了高高的草丛，矮的野苋菜，高的洋姜，还有更高的小杨树，像个迷宫似的。小夜蛾紧张起来：“你真的认识路吗？”

尺蛾姐姐朝天上指了指：“有路标，月光！”

“可是，月光不指着后院啊？！”

“如果我们和月光飞成一个角，问题就解决了。”

“角？是长角天牛的角，还是独角仙的角？”

“是‘角度’的角啦！”尺蛾姐姐提高声音。“看，这不就是一个角？”她把一只腿斜向下伸，朝着月光的方向，另一只往前伸，指向前方的后院，两只腿交叉在一起。“只要我们飞的方向，跟月光照下来的方向，一直都是这么大的一个角，不就能直直往前飞了吗？”

“我明白了……”小夜蛾小声说。跟着尺蛾姐姐朝前飞去。

月光的银线里掺杂进了更长、更亮的金线，原来是小院里的小房子的房檐下的电灯灯光。

“尺蛾姐姐，你看这灯光，不是比月光亮得多吗？我们拿它做路标，就看得更清楚，也更容易了。”

“好主意啊！”尺蛾一边叫好，一边抢先转向灯光的方向，灵活地调整着身体的角度。

“姐姐，记得要飞成一样的角度哦！”小夜蛾追了上来。

两只蛾子用灯光做路标飞了一段。金色的光线越来越亮，好像一根根尖锐的金针。

“尺蛾姐姐，我们是不是离那盏灯越来越近了啊？”小夜蛾摆着触角，“怎么灯越来越大，还越来越热了？”

“是啊，越来越近了……”尺蛾姐姐小声重复着，露出困惑的表情。“……天哪！”它突然大喊一声，拉着小夜蛾，一个俯冲向下飞去。电灯的灯罩上正趴着一条壁虎，正虎视眈眈地瞪着它们俩呢！

两只蛾子，直直下落，落到房檐下摆着的一只木箱子上喘气。忽然，脚下传来一个迷迷糊糊的声音：“是谁……啊？半夜也不让人睡觉？”

两只蛾子吓了一跳，小夜蛾小心地朝脚下看去。只见箱子下部，一个四四方方的小洞里，慢慢钻出一位穿着黄黑毛绒外套，两只触角短短的，模样精干利索的姑娘来。原来是蜜蜂大姐。

尺蛾姐姐说："我们是去参加瓠子姐姐的聚会的，可是走到半截迷了路,不知怎么就飞到了这盏灯附近。打搅了你睡觉，真对不起。"

"都是你的错，叫我用月光做路标。"小夜蛾在一旁说。

"是你出主意说改用灯光！"尺蛾姐姐推了小夜蛾一下。

蜜蜂看了看头顶上的那盏灯，忽然眼睛一亮："不要吵啦！"

"我知道你们为什么迷路。"

两只蛾子惊诧地看着蜜蜂，蜜蜂有些得意，又问道："你们是用月光做路标，跟月光飞成一个角度的吧？"

两只蛾子吃惊地点头。

"这个道理……画个图说明……"蜜蜂用前面两条腿，在穿着绒毛大衣的肚子上抹了抹，抹下几片薄薄的蜂蜡来，粘在一起，做成了一块画板。

蜜蜂小声说，"你们看看，这些线有什么特别的地方？"

"都是斜的……斜的程度都差不多……"小夜蛾思考着，"我知道啦，这些都是平行线！"

"对了！"蜜蜂指了指天上的月亮："月亮的光线，就是这个样子的哦，一条一条，都是平行线，这样的光，叫做平行光。"

"如果你们跟着平行光飞的话……"蜜蜂又画出一条直线，穿过那些道道。"只要一直跟平行光飞成一样的角度，就能直直地往前飞了，确实是个好办法。"

"蛾子家族找路，自古以来都是这个方法……"尺蛾姐姐听到夸奖，有些得意。

小夜蛾插嘴："好办法？那为什么我们会撞到灯上呢？差一点连命都没啦！"

"这个，就是因为灯光和月光不同，不是平行光的原因啦。”蜜蜂把画板转了个方向，在另一面又画上了几根交叉的道道。

“这次画的好像蜘蛛网。”小夜蛾说。

蜜蜂指着“蜘蛛网”的中心——几条线交叉的地方：“这，就是灯泡，这些道道就是它发出来的光。”

“你要对着灯泡，直直地飞……”蜜蜂又在图上，画了一条直线。“看看这些光，你飞的路线，跟它还是不是一样的角度啦？”

“好像越来越大了呢！”尺蛾姐姐说。

“对喽，根据飞蛾家祖传的认路法，你们就要跟这些光，保持一样大的角度……”蜜蜂继续画着：“既然角度越来越大，那么就该往里飞……看！”

蜜蜂举起画板展示。两只蛾子凑近了一瞧，新画的线弯弯曲曲，在板子上绕了一个圈儿，通往几条线交叉的中心。

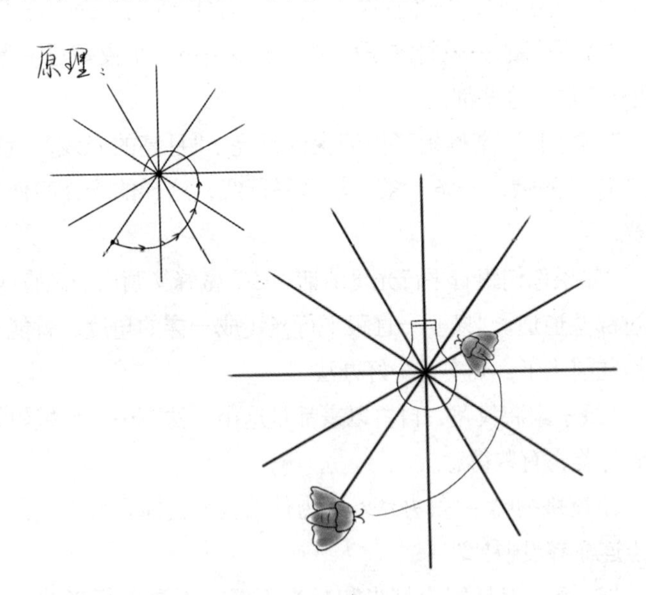

“这个好像我卷起来的嘴巴哟！”小夜蛾叫道。

“也很像蜗牛的壳！”尺蛾姐姐也在一旁帮腔。

“对喽！”蜜蜂点头，一边继续在图上指指点点：“你看，这个‘蜗牛壳’上的每一段，都是和灯光组成一样大的角，所以这种线叫做等角螺线。”

尺蛾姐姐拍拍翅膀：“我们跟灯光飞成一样大的角，就要不停地转着圈儿往里飞，飞成‘蜗牛壳’的样子，直朝着灯飞过去啦！”

“对了！”蜜蜂放下蜡板，“以后要找路，要跟着月亮的平行光飞，不要跟着电灯飞，这样就不会迷路啦！”

“明白了！谢谢蜜蜂大姐！”两只蛾子飞到空中，向蜜蜂招手道别。

蚁国军事

伟大的昆虫学家爱德华·O. 威尔逊（Edward O. Wilson）说过，如果给蚂蚁核武器，它们会在一周内毁灭世界。蚂蚁大概是地球上唯一的，比人更热衷于大规模屠杀同类的动物。不过，进化并不是只知进不知退的，自然选择在一些蚂蚁身上，塑造出了“不战而屈人之兵”的策略。

冷战专家

美国新墨西哥的沙漠里，生活着美洲蜜蚁属的一种蚂蚁（学名 *Myrmecocystus mimicus*）。蜜蚁这一类蚂蚁，拥有独特的食物储存方法：蚂蚁把蜜露（蚜虫和介壳虫的排泄物，主要成分是水和糖）和花蜜喝进肚子，然后自己吊在蚁穴的天花板上，需要的时候就吐给其他蚂蚁吃。它们的腹部很有弹性，可以膨胀得非常大，一只蚂蚁可以储存几百只蚂蚁带来的蜜汁，看上去就像金黄色的大灯泡。

这个办法看上去很蠢，但其实很有效，食物可以安全地储存几个月，沙漠里资源匮乏，储满蜜汁的蜜蚁是很宝贵的财富。

来自两个不同“国”的蜜蚁碰到一起，会用一种非常文雅的办法决胜负。两群蚂蚁都努力踮起脚尖，把身体抬起来，有时候还站到石头、土坷垃上，好像小矮子努力让自己显得高一点。蚂蚁们面面相觑，绕着“敌人”走来走去，有时候用触角或脚敲打对方，但不会动牙去咬，或者用蚁酸去喷。整个比武过程不会流血，异常和谐。像人类一样，比较国家实力，并不一定要通过实在的暴力行为。

两个蚂蚁窝领地的“交界线”上，经常驻守着一些蜜蚁，不多，两边各十来只，也是踮着脚尖，站在石头上，相互对峙并不动武。但是，要是有一边的蚂蚁突然增加了兵力，另一边的蚂蚁就会跑回去搬救兵。这样两边的蚂蚁越加越多，最后演变成大规模的比武。这其实是一种比较温和的判断对方实力的办法。通过比较参与比武的蚂蚁数量，特别是大个头工蚁的数量，它们可以知道两方的强弱。只有发育成熟的蚁群，才养得起大工蚁，所以它们可以成为“国力”的象征，就像高端的人类武器一样。

如果两方实力相当，边界就归为和平。一方要是比另一方弱得多，和平就会被打破。蚂蚁冲进敌巢，把工蚁和蚁后咬死，蛹、幼虫和蚁卵搬回家，养成工蚁，为我方提供劳动力，至于那些储蜜的蚂蚁，当然是搬回自己的家，当成“战略物资”据为己有，就像人类的石油一样。

刺客与食客

如果把蚂蚁的群体比作一个庞大的动物（工蚁是胃肠和四肢，兵蚁是免疫系统，蚁后是生殖细胞），我们会发现一些特殊的超级生物，几乎只剩下繁殖的功能。在自然界中，单个的生物看上去“残缺不全”，缺乏最基本的谋生能力，往往说明它们是寄生虫，仰赖别的生物活命。蚂蚁也不例外，它们寄生的对象不能是别的生物，只能是别种的蚂蚁。

一种适蚁属的蚂蚁（学名 *Epimyrma stumperi*），用非常低调，非常冷酷，堪称阴险的策略，潜入一种细胸蚁（学名 *Leptothorax tubexum*）的巢穴。首先，入侵者的蚁后慢慢地爬向蚁巢，如果有细胸蚁的工蚁走过，它就蜷成一团，倒在地下，好像死了一样，避免引起对方的注意。等到粗心的细胸蚁工蚁忽视了它，它就爬上对方的背，用前脚把细胸蚁的气味涂到自己身上。气味是蚁国的“身份证”，现在它就可以混进巢穴深处了。

入侵者找到细胸蚁的蚁后就开始它的工作：刺杀。它强迫蚁后翻过来，用锋利的上颚咬它的脖子，慢慢杀死它，这个过程要持续几小时甚至几天。因为受害者蚁巢里经常有多个蚁后，刺杀活动要重复多次。消灭了全部蚁后之后，它就篡位成为新蚁后，接受工蚁的照料。

在《辛巴达航海记》里，出现过一个妖怪般的古怪老人，他会欺骗别人把自己背到肩上，然后用双脚牢牢缠住受害者的脖子，把人变成他的坐骑。这种生活方式，与铺道蚁属的一种蚂蚁（学名 *Tetramorium inquilinum*）有些相似。这种蚂蚁没有工蚁，只有蚁后，还有蚁后产生的具有繁殖能力的雄蚁和雌蚁。它们和妖怪老人一样，骑在另一种铺道蚁（学名 *Tetramorium caespitum*）的蚁后背上。有时一只“宿主”蚁后会驮着八只作为“食客”的寄生性铺道蚁。“食客”的爪子和脚垫非常大，可以牢牢抓住宿主的身体，腹部底下凹陷，正适合贴在受害者的甲壳上。

除了“骑乘”的能力，寄生的铺道蚁身体各方面的机能都大大退步了。比如，它身上的很多腺体都退化了，蚂蚁的腺体分泌的化学物质，对它们的生活至关重要，用于跟同伴交流，或者杀死细菌。“食客”的甲壳变薄了，作为武器的螯针也变小，颚弱小到不能咬嚼固体食物，甚至大脑都缩小了。

这些蚂蚁寄生虫，完全依靠受害者的工蚁给它们洗刷、喂食，离开了宿主铺道蚁，它们只能活一两天。“食客”的繁殖能力惊人，寄生的铺道蚁每半分钟就产一个卵，这些孩子由“宿主”来照顾，它们孵化出的蚂蚁只会做两件事：繁殖和入侵别的蚁巢。

由于寄生性铺道蚁的拖累，“宿主”的蚁民数量变少了，而且都是工蚁，不再产生具有繁殖能力的“宿主”铺道蚁。工蚁能够服侍“食客”，所以保留蚁后产生工蚁的能力，是有益处的。相比之下，适蚁“刺客”虽然杀掉了蚁后，但细胸蚁的特殊之处是，蚁后被杀之后，工蚁还会产卵，这些卵只能孵出工蚁。所以“刺客”不缺乏可以使唤的“奴仆”，能保证生活无忧。

超级蚁国

一般的“蚁国”只有一个蚁窝，里面住着一个或多个蚁后。但在欧洲有一个蚂蚁的超级大国，它的国土从意大利一直伸到西班牙，绕着大西洋和地中海的海岸走了一大圈，长度超过 5700 千米，蚁窝的数量以百万计。这个国家的“国民”是一种原产南美洲，貌不惊人的褐色小蚂蚁，名叫阿根廷蚁（学名 *Linepithema humile*）。

一般的蚂蚁，只会把同一窝的蚂蚁当成“自己人”，对“外人”极端排斥。但超级蚁国的蚂蚁，即使来自不同窝，也可以一起干活，一起觅食。这个国家有多少“蚁民”，简直无法估计。

阿根廷蚁是一个厉害的入侵物种，搭着免费的飞机和船走遍全世界，北美洲、非洲、亚洲、澳大利亚和许多海岛上，都可以找到阿根廷蚁。虽然阿根廷蚁不以战斗力出名，但因为它们实在太团结，竞争力强大，对于本地植物、蚂蚁和其他昆虫都造成很大的破坏。奇怪的是，在南美洲老家，阿根廷蚁跟普通蚂蚁并没有什么区别，党同伐异，一国的蚂蚁和平，别国的蚂蚁打到死。

为解释超级蚁国是怎么建立的，学者们从“入侵物种”的特征里找原因。一种假说是，当初只有很少的蚂蚁到欧洲（蚂蚁的“新殖民地”）来，这些蚂蚁都来自很少几个祖先，所以基因相似，关系到识别同类的那部分基因也相似，导致它们无法认出谁是“自己人”。

对阿根廷蚁进行的基因检测，却得到了出人意料的结果：蚂蚁们识别同类的基因确实很相似，但跟识别无关的基因各有不同。这就不能用偶然的运气来解释了。蚂蚁建立超级蚁国，背后有自然选择的推动。

就此，提出了另一种假说：蚂蚁来到新的“殖民地”，因为环境良好，没有针对它们的捕食动物和病原体，很快繁殖起来，密度变得很高。那些好战的阿根廷蚁，打得两败俱伤，内耗严重，那些识别敌我的基因相同，因而“敌我不分”的蚂蚁却可以避免这种消磨，容易在生存竞争中取胜。最后大量“敌我不分”的蚂蚁存活下来，就形成了巨大无比的蚁国。正所谓不战而屈人之兵！

你知道白熊爱牙膏吗？
——100 条动物冷知识

1. 袋獾（学名 *Sarcophilus harrisii*）的恶性肿瘤可以通过互相撕咬传染，幸而只是在袋獾之间。

2. 花喜鹊是唯一能从镜子里认出自己的非哺乳动物。

3. 树袋熊一天要睡 18 个小时。

4. 达尔文吃过美洲狮的肉，他说味道跟小牛肉一样。

5. 气步甲（学名 *Brachinus favicollis*）喷出的毒液温度可达 100℃。

6. 蓝鲸的嘴可以容下 20 吨水，但喉咙只有沙滩排球那么粗。

7. 赤猴（学名 *Erythrocebus patas*）是速度最快的灵长类，奔跑时速达 50 千米。

8. 一种寄生蝇（学名 *Ormia ochracea*）的耳朵长在胸前，靠着这个器官，它可以听鸣叫找到蟋蟀，在倒霉的音乐家体内产卵。

9. 涡虫的脑袋和尾巴砍掉都可以再生，而且再生脑袋的速度比尾巴快。

10. 虽然被当成“海怪”，受人敬畏，但大王乌贼没有攻击人的记录。

11. 雌非洲水雉（学名 *Actophilornis africana*）最多可以有 4

个丈夫，她负责保卫领地，而他们负责孵蛋。

12. 现存的 3 种斑马都是全身有条纹的，已灭绝的斑驴（学名 *Equus quagga quagga*）只有脖子有条纹，身体是灰色的，但它不是一个独特的物种，而是普通斑马的一个亚种。

13. 以每秒 5. 8 米的速度，一匹马一天最多跑 20 千米，世界级的马拉松选手以同样的速度，能奔跑两倍的距离。人类跑得虽慢，耐力却极佳。

14. 兼嘴垂耳鸦（学名 *Heteralocha acutirostris*）是唯一一种雌雄鸟喙不一样的鸟，雄鸟的喙是直的，雌鸟的喙是弯钩形的，这样两者能吃不同的食物，减少竞争。

15. 三趾树懒（学名 *Brady pus tridactylus*）一定要下树拉便便，因为太懒，它 5 天才下树一次，排出量相当于 30% 的体重。

16. 九带犰狳（学名 *Dasypus novemcinctus*）每窝都是四胞胎。

17. 人类是唯一有语法的动物。

18. 猫头鹰的耳朵是左右不对称的，这样便于判断老鼠发出声音的位置。

19. 模仿章鱼（学名 *Thaumoctopus mimicus*）可以模仿至少 15 种动物，包括海蛇、蓑鲉、比目鱼、海蛇尾、巨蟹、海贝、刺魟、水母、海葵和螳螂虾。

20. 鱼鳔是由原始鱼类的肺进化而成。

21. 根据中国科学家的比较研究，始祖鸟（学名 *Archaeopteryx* spp.）并不是最原始的鸟类，而是长有羽毛的小型恐龙，在小型的食肉恐龙里，长羽毛并不罕见。

22. 大齿猛蚁（学名 *Odontomachus bauri*）嘴巴咬 1 次仅需时 1/3000 秒，是动物中最快速的动作。

23. 蚁狮是蚁蛉科（学名 Myrmeleontidae）昆虫的幼虫，住在自己挖的沙坑里，它不排便，没有肛门，这解决了卫生问题。

24. 有一个果蝇基因叫做“刺猬索尼克”（Sonic Hedgehog）。

25. 虽然鬣狗是凶猛的野兽，但古埃及人饲养它们做食物，从墓室的壁画上，我们可以看到，当时的人给鬣狗填食，强行令它们长肥。

26. 如果你把两个不同种的海绵捣碎，混到一起搅匀，同类的海绵细胞会爬到一起去，重新聚合成两个不同种的海绵。

27. 雌杜鹃有一个类似产卵器的器官，用来把蛋下到树洞深处的鸟窝里。

28. 缩头鱼虱（学名 *Cymothoa exigua*）大概是最吓人的一种寄生虫，它住在笛鲷的口腔中，把鱼的舌头吃掉，然后自己取而代之，起到舌头的功能，靠食物残渣为生。

29. 生活在白垩纪晚期的镰刀龙（学名 *Therizinosaurus cheloniformis*）拥有动物中最大的爪子，75 厘米长。

30. 雄的北方咕噜舟蛾（学名 *Gluphisia septentrionis*）可以在三个半小时内喝下超过体重 600 倍的水，这是为了提取水中的钠，它会把这些矿物质交给雌蛾，作为孩子需要的营养。

31. 柏氏中喙鲸（学名 *Mesoplodon densirostris*）的喙骨是所有动物中骨密度最大的。

32. 粗皮蝾螈（学名 *Taricha granulosa*）的皮肤里含有河豚素。

33. 海马爸爸会分泌催乳素，在育儿袋里产生营养物质喂小海马。

34. 雌性比雄性大得最多的动物是一种螠虫（学名 *Bonellia viridis*），雄虫的体重是雌虫的二十万分之一。

35. 雄性比雌性大最多的动物是美鳍亮丽鲷（学名 *Lamprologus callipterus*），雄鱼的体重是雌鱼的 14 倍。

36. 曾经发现过五重的寄生虫：一只寄生黄蜂体内寄生着一只黄蜂体内还寄生着一只黄蜂体内还寄生着一只黄蜂体内还寄生着一只黄蜂。

37. 达雅克果蝠（学名 *Dyacopterus spadiceus*）是唯一雌雄都

有乳汁的哺乳动物。

38. 已知最长寿的动物是一只北极圆蛤（学名 *Arctica islandica*），它已经有 507 岁了，不幸在被科学家打捞出水时死掉，我们捕捞很多的北极圆蛤做食物，所以这个纪录很可能被刷新过，但我们不知道。

39. 贵州爬岩鳅（学名 *Beaufortia kweichowensis*）是一种扁扁的，样子滑稽的鱼，它的胸鳍和腹鳍构成吸盘，具有相当于体重 1000 倍的吸附力。

40. 笔尾树鼩（学名 *Ptilocercus lowii*）以发酵的花蜜（酒精含量 3.8%）为食，因此演化出了极好的酒量——它可以承受大量酒精（相当于人干掉两大瓶干红）而毫无“醉意”。

41. 盔鼩鼱（学名 *Scutisorex somereni*）只有老鼠那么大，但它的脊椎骨极为坚固，可以让一个成年人站在它背上。

42. 弯嘴鸻（学名 *Anarhynchus frontalis*）是唯一一种喙自然弯向右侧的鸟。

43. 长尾栗鼠，也就是俗称的龙猫，每天要吃两百多次自己的便便，它可以吸收盲肠里丰富的营养。

44. 凤头海雀（学名 *Aethia cristatella*）的分泌物有橘子香味。

45. 雌树袋熊有两种粪便，一种硬的普通粪，还有一种软粪，用来做断奶小树袋熊的辅食，树袋熊宝宝从中得到帮助消化桉树叶的有益菌。

46. 蜂鸟每天的小便量相当于它体重的 3 倍，因为它的主食——花蜜里有太多水分。

47. 麝牛（学名 *Ovibos moschatus*）的毛发长达 60 厘米，在哺乳动物里屈居第二，仅次于人类的头发。虽然长得像牦牛，但它其实跟羊的关系更近。

48. 鸭嘴兽的性染色体有 10 条，雌的是 XXXXXXXXXX，雄的是 XXXXXYYYYY。

49. 肥猫和人类一样有啤酒肚，胖狗是很均匀地绕着身体胖一圈。

50. 短肢领航鲸（学名 *Globicephala macrorhynchus*）在 30~40 岁间进入更年期。绝大多数哺乳动物都没有更年期。

51. 智利有一个品种的家鸡（学名 *Araucana*）能下蓝色的蛋。

52. 鸭嘴兽没有胃。

53. 斑点楔齿蜥（学名 *Sphenodon punctatus*）有三只眼睛——第三只在头顶，有视网膜和晶状体，被皮肤覆盖，但仍能感光，在两只眼睛的动物身上，相应的器官是松果体。

54. 金枪鱼和几种鲨鱼是热血的，这样才能持续快速游泳。

55. 蓝鲸和长须鲸（学名 *Balaenoptera physalus*）会杂交，我们会发现这件事，是因为有人给市场上的鲸肉进行了 DNA 检测。

56. 脊椎动物左脑控制身体的右半部，右脑控制身体的左半部，包括人类，而节肢动物（虾、蟹和昆虫等）是左脑控制左半部，右脑控制右半部。

57. 虎鲨（学名 *Galeocerdo cuvier*）以什么都吃而著称，在它的胃里曾发现过完整的马头、橡胶轮胎、驾照、鳄鱼头，还有一个鸡笼子和里面的鸡。

58. 家鸡打鸣时是勾着头的，雉鸡打鸣则是仰着头，如果把家鸡和雉鸡杂交，它们的后代打鸣时头的位置介于两者之间。

59. 易碎双腔龙（学名 *Amphicoelias fragillimus*）可能是史上最不靠谱的动物。古生物学家爱德华·德林克·克普（Edward Drinker Cope）自称发现了一块残缺的脊椎骨，据推测该恐龙身长 60 米，是已知最大的陆生动物，但这块骨头后来去向不明。

60. 大熊猫的便便比它吃下去的竹叶要重。确切地说，竹叶和竹秆含水很少，可以吸收的东西也很少，便便里补充了大量喝进去的水，而被吸收的营养只有一点点。

61. 儿童心理学家看了黑猩猩画的画之后，断定作者是两名十岁女孩，其中一名是精神分裂症患者。

62. 大海雀是唯一以“咸肉”形式保留下来的灭绝动物。最后两只大海雀于 1844 年在冰岛被捕杀，它们的一部分内脏用盐腌起来，保存在哥本哈根大学的博物馆。

63. 黑头林鵙鹟（学名 *Pitohui dichrous*）是已知唯一有毒的鸟，它体内含有箭毒蛙毒素，这是因为它进食含有这种毒素的耀夜萤（Melyridae 科）。

64. 最偷懒的命名：东部鸣角鸮的学名是 *Otus asio*，长耳鸮的学名是 *Asio otus*。

65. 冠海豹（学名 *Cystophora cristata*）的哺乳期最短：四天。

66. 大棘鼬鱼（学名 *Acanthonus armatus*）是一种深海鱼，按脑和身体的比例算，它是已知的脊椎动物中，脑子最小的一种。

67. 牛的瘤胃是四个胃中最大的，容积达到 130 升。

68. 第一处人类脚印的化石，是在 1976 年的坦桑尼亚，古人类学家安德鲁·希尔（Andrew Hill），在和同事用干掉的大象粪玩打“雪”仗时发现的。

69. 生活在北美的冰虫（学名 *Mesenchytraeus solifugus*）体内含有很活跃的酶，因此它可以忍受 0℃以下的低温，但温度高到 5℃以上，它会融化。

70. 世界上的家鸡比人多，但是总重量还是人高一些。

71. 耶基思语（Yerkish）是一套人类发明的信息符号，用来跟另一种“智慧生物”——黑猩猩沟通。

72. 蝙蝠妈妈的奶头长在胸前，有些蝙蝠在肚子上另长有“假乳”，供小蝙蝠咬着，好固定在妈妈身上。

73. 熊狸（学名 *Arctictis binturong*）是东半球唯一一种能用

尾巴卷住树枝的动物，它的肛门腺分泌物味道像黄油爆米花，高兴时会发出咯咯笑声，传说它不会逆时针转圈（假的）。另外，它的英文名叫 bearcat。

74. 新鲜的山羊奶酪加热不会融化。

75. 南方蓝鳍金枪鱼（学名 *Thunnus maccoyii*）和日本鳗（学名 *Anguilla japonica*）都是“食物”，传统上这两种鱼被当作美食，但根据国际自然保护联盟的评级，因为人类近期的大量捕杀，这两种鱼灭绝的危险性高于大熊猫。

76. 母鸡的右边卵巢保持在胚胎中的状态，它可以变成睾丸，产生激素，使母鸡的行为像公鸡。

77. 北极熊喜欢吃牙膏。

78. 六角形不是蜜蜂的专利，雄罗非鱼（学名 *Tilapia mossambica*）用来吸引雌鱼的地盘也都是六角形的。

79. 在白鹮（学名 *Eudocimus albus*）的饲料里添加千万分之三的甲基汞（methylmercury），55% 的雄白鹮会选择跟同性求爱并共筑爱巢。

80. 长须鲸的下巴左侧为黑色，右侧为白色。

81. 以下配对的猫科动物生子都是出现过的哦：雄狮 × 雌虎，雄虎 × 雌狮，雄美洲豹 × 雌豹，雄豹 × 雌美洲豹，雄美洲豹 × 雌狮，雄豹 × 雌狮，雄狮 × 雌豹。

82. 世界上最大的“猫”。迈阿密的丛林岛屿（Jungle Island）动物园的狮虎（liger，雄狮和雌虎的孩子）海格立斯（Hercules）体重 408 千克，相当于大雄狮或大雄虎的两倍。

83. 如果所有灵长目身材都一样的话，红背松鼠猴（学名 *Saimiri oerstedii*）拥有最大的脑——占到体重的 4%，如果松鼠猴像人一样大，它的脑会比人脑大一倍。

84. 你锅里的鱼可能比你更老。橘棘鲷（学名 *Hoplostethus atlanticus*）是一种美味的深海鱼，它的幼鱼一年只长两厘米，寿命可能超过150年。

85. 世界上跑速第二快的动物是美洲的叉角羚（学名 *Antilocapra americana*），时速可达86千米每小时，而且比猎豹耐力更好。

86. 袋熊（Vombatidae科）的便便是立方体。

87. 以体型来算，世界上最强壮的动物，是一种体重只有100微克的螨（学名 *Archegozetes longisetosus*）。在粗糙的表面，它能够拉起相当于它体重1180倍的重量。

88. "RH阴性血" 的名字来自于恒河猴（学名 *Rhesus macacus*），因为这种血型最早是在恒河猴身上发现的。

89. 有一种心理疾病叫做动物囤积症（animal hoarding），症状是饲养自己根本无法养活的一大堆宠物（比如几百只猫）。

90. 深海鱼叉齿鳕（学名 *Chiasmodonniger*）能吞下比自己大的猎物，在一条长19厘米的叉齿鳕腹内，发现过一条86厘米长的黑刀蛇鲭（学名 *Gempylusserpens*），是捕食者的10倍重。

91. 金仓鼠（学名 *Mesocricetus auratus*）是受欢迎程度仅次于猫和狗的宠物，所有的宠物金仓鼠都是1930年在叙利亚捕捉的3只雄仓鼠和一只雌仓鼠繁衍出来的。

92. 蜘蛛太太会吃掉丈夫不是新闻。但你有没有听说过，澳洲红背蜘蛛（学名 *Latrodectus hasselti*）会主动被太太吃掉？这样它能增加给卵子受精的机会。

93. 雄蜘蛛也能反击，一种狼蛛（学名 *Allocosa brasiliensis*）的雄性会吃掉年老的雌性。

94. 雄一角鲸（学名 *Monodon monoceros*）有一根奇特的长牙，曾经被当成独角兽的角，偶尔会有鲸长有两根长牙，而雄四角羚（学名 *Tetracerus quadricornis*）长有四只角，前面两只小的，后面两只大的。

95. 雄蝎蛉（Panorpidae科）长相丑陋，仿佛拖着蝎子尾巴，但它很懂浪漫，会拿死昆虫给雌性的蝎蛉吃，如果没有昆虫，它就吐唾沫给她吃。

96. 生活在白垩纪的阿根廷龙（学名 *Argentinosaurus huinculensis*）是已知最大的陆地动物之一，身长超过 30 米，体重 70 吨，在一个阿根廷龙的脚印里，发现过 18 只小动物的化石，包括 10 只小恐龙，它们是掉进去出不来而死的。

97. 吃货的最终境界。硬蜱（Ixodidae 科），也叫狗豆子，雌蜱一次可以吸食相当于体重 250 倍的血。

98. 雄性带齿长喙鲸（学名 *Mesoplodon layardii*）下颚上有两颗弯月形的獠牙，一左一右把它的上颌圈住，虽然身长可达 6 米，但它的嘴只能张开 13 厘米的宽度。

99. 在发情期，雌猴子的屁股会变成红色，并且积蓄水分而膨大，西方红疣猴（学名 *piliocolobus badius*）因为扩大的屁股，体重竟增加 25%。

100. 苏门答腊犀牛（学名 *Dicerorhinus sumatrensis*）喜欢吃芒果，它可以把芒果巨大的种子整个吃进去，然后排泄在别处，促进种子的传播。

一条合格的“龙”

西海龙王的儿子小白龙，驮唐僧到西天取经有功，龙王怎么奖励他呢？座头鲸丞相出了主意，拍一部电影《白龙马》，让海底居民都知道小白龙的功劳。龙王连赞三声“好！”然后又揪着胡子，发起愁来。

“我儿子正在西天留学，小白龙找谁来演呢？”

“这简单，我们可以海选一名演员，来演小白龙——在海里选，可不就是‘海选’嘛！”

现在也用不着贴皇榜，在龙宫官方网站“水晶宫网”发个帖子，西海的鱼虾蟹贝就全看到了。

帖子发出来没有 10 分钟，龙王就听见“蹬蹬蹬”脚步声响，一个黑影冲进龙宫，这是一位高壮大汉，连尾巴身长 6 米，体重 1 吨，浑身铠甲一样的鳞皮，满嘴尖牙。

“你不是鳄鱼将军嘛！”龙王看了看他。

“是啊！我的大名叫湾鳄，是住在海里的大鳄鱼，”大将军举起手机。“我看了大王发的帖子，大王要招演员？”

“可是，大王是要招小白龙……你好像腰稍微粗了一点儿。”丞相说。

“我可以减肥啊！”大将军把又长又尖的大嘴张开，露出一排排牙齿：“大王您看，我跟你们龙族，都是长身子，长尾巴，还有四条腿，一张大嘴，不是长得很像吗？”

丞相怀疑地看着他：“真的吗？”

“当然啦，哈哈哈哈！”湾鳄大笑。“我们湾鳄，是爬行动物里最大、最厉害的一种，让我来演龙，多合适呀！我还有个小弟住在扬子江里，叫猪婆龙。”

龙王抓了抓下巴。“猪婆龙……这名字不太好听呀。”

鲸丞相说：“猪婆龙就是扬子鳄，个儿比将军小，只有1米长。”

湾鳄将军得意起来，抬起大嘴巴：“扬子鳄都能叫龙，像我这么大，想演一条龙，当然更没问题了！是吧？”

龙王皱着眉头想了想：“但是……将军呀，你的皮肤，好像稍微黑了一点儿……”

“我可以涂美白护肤霜啊！”

龙王身边的虾兵蟹将，章鱼文官，墨斗鱼书记，都发出一片“哧哧”“嘻嘻”的声音。

龙王板着脸，强忍笑：“将军呀，既然你一定要演这个小白龙，那你有什么特别的本事没有？”

“我会游泳，在地上跑得也不慢，嘴巴咬起东西，非常厉害，还可以吃水牛，吃猪，马虽然没有尝过，把它吃掉也是没有问题的！”

龙王突然不憋笑了：“马？说马干什么？”

“小白龙不是吃了唐三藏的马，为了赔他，才背着他去西天取经的吗？”

龙王脸沉下来，拉得比湾鳄还长。“我的儿子偷吃东西这件事，怎么能拍到电影里，让人家看见！”

“怎么，大王不打算演吃马那一段吗？”

“这个……本王要考虑一下，先请回家吧！”

据说以后再也没有人跟湾鳄将军说起过请他拍电影《小

白龙》的事，不过倒是有人请他演《奥特曼与大怪兽》。

过了一天，又有一位客人来到龙宫，“龙王您好，我细（是）日本龙王派来的使者，细（是）来选脸（演）员的。”

他的中国话说得不错，就是有点大舌头。

西海龙王睁大了龙眼，他从没见过模样这样奇怪的客人，但他到底是龙王，很快就平静下来了。“这位外国朋友，你叫什么名字？”

这位客人也有6米长，但身材和将军十分不同。又瘦又细，嘴巴很小，模样和气。“我细（是）皇带鱼，住在森（深）海里，虽然有这个名字，但我其实不细（是）大个儿的带鱼。我觉得我脸（演）小白龙正合细（适）。”

他的身材细长，确实像龙，打扮得也非常漂亮：一身白色带小黑点的西服，像白银一样亮闪闪的，背上一条长长的深红色鱼鳍，从脑袋一直连到尾巴，脑袋顶上还有几根红丝线，像时髦的帽子上插着羽毛。

龙王用龙爪托着龙头，想了一阵。“嗯……你的模样不错，挺帅气的，这样吧，你游一游泳，我看看你的姿势美不美。”

“谢谢大王！”皇带鱼喊道，离开了龙宫的地板，浮了起来。

龙王的龙眼又睁大了，这次睁到荔枝那么大还没停下来。皇带鱼游泳的时候，全身笔直，一动不动，只有背上的长鳍像水波浪一样抖动着，整个又长又瘦的身子，就像一根棍子一样。

“怎么样？我很碎爱(帅)气吧？”皇带鱼兴高采烈地喊道。

“嗯……很‘碎爱’气。”龙王半天才说出话来。“你回日本去吧，我们拍完《白龙马》，也许要拍《哈利·波特》呢。”

“你在尾巴上绑点海草，就可以演一根飞扫帚。”座头鲸说。

龙王用胳膊肘捅鲸丞相。“别把实话说出来啦！”

送走了皇带鱼，龙王弯着龙腰，驼着龙背坐在宝座上，发了一会儿愣，忽然对海龟丞相说。

“现在龙宫的卫生是越来越不好了，海草都漂到宫殿里了。”

果然有一堆黄绿色的水草，浮在海龙王面前。座头鲸伸出鳍，想把它从窗户拨出去。忽然听到一个又尖又细的声音：“大王，我不是海草。”

丞相和龙王凑近了使劲一看，那居然是一只动物，身子弯弯曲曲，嘴巴像一根吸管，全身长着许多海草模样的枝条，枝条上挂满黄叶子，简直跟一堆海草一模一样。

“听说你们要找人演小白龙，这不，刚生完孩子，我就赶来了。”

“哦……请问你叫什么名字？是哪一家的？”

“我是叶海龙，是鱼类。”

“如果……要你驮着唐僧，恐怕……去西天会迟到一点点儿……”龙王使劲地揪胡子。“对啦，你不是刚生了孩子吗？如果又要拍电影，又要照顾宝宝，不是太累了吗？”

“没关系，我们叶海龙都是妈妈生下鱼卵，让爸爸来孵的。我有一个亲戚也是这样，他叫海马。”

“海马啊，我认识他，他是鱼类游泳冠军。”鲸丞相说。

“对，我也知道他，他在希腊的海神波塞冬那里，给海神的跑车补轮胎。”西海龙王插话。“他是比慢的游泳比赛冠军。”

“我游得也不快呀！如果参加比赛，至少能拿银牌吧？”

送走叶海龙后，龙王偷偷地偏过头，跟鲸丞相说：“我们还是请孙大圣来变成小白龙吧！”

“那猴子西天取经以后出了名，出场费肯定更高，上次给了他金箍棒，这次给他什么宝贝呢？”

自然界的奇门暗器

屁步甲：开火！开火！开火！

气步甲族（Brachinoid）和屁步甲族（Paussoid）的甲虫，可以说是昆虫中装备最齐全的，它们装上了大炮……在屁股上。

这些甲虫腹内藏着弹药库。左右对称的一对小房间，每个房间又分成两个小隔间，一个隔间里装着名叫“对苯二酚”和“过氧化氢”的化学物质，另一个装着酶，这些东西混合之后，会发生剧烈的化学反应，产生苯醌和氧气。像摇过的可乐一样，体积剧烈膨胀的氧气，带着苯醌液滴从小室里喷出来，出口是甲虫腹部尾端的两个小孔。

这个反应相当彪悍，会生成热到（气步甲族喷出的苯醌，温度达到100℃）足以烫痛手指，而且能发出人耳清晰可闻的爆炸声。苯醌有毒，不仅能有效地驱逐昆虫，人类也觉得它恶臭难闻，这一发炮打出去，再嘴馋的动物也倒胃口了。在英语里，这些小怪物被称作“炮手甲虫（Bombardier Beetle）”，不过，中文名字就没那么炫酷了，放屁虫。

尝过这些黑暗料理的食客中名头最大的，是一个英国人。达尔文收集标本时，有一次，左右手各抓住了一只甲虫，这时他看见了第三只，于是他把一只手上的甲虫塞进嘴里——那恰好是一只气步甲，它立即把火热的炮弹射到达尔文舌头上。

中文对于放屁虫最出名的描写来自鲁迅："还有斑蝥，倘若用手指按住它的脊梁，便会拍的一声，从后窍喷出一阵烟雾。"斑蝥是芫菁科的成员，放屁虫则是步甲科。斑蝥并不会射炮，先生张冠李戴了。

昆虫学家托马斯·艾斯纳（Thomas Eisner）热爱调戏毒虫。为研究屁步甲的化学武器，他捉来甲虫，用一滴蜡粘住，用小镊子夹它的腿，逼迫它开炮反击。这些炮手会瞄准，夹后面的腿，苯醌溶液喷往后面，夹前面，就喷到前面，虽然炮口是长在接近肛门的位置。

气步甲族靠转动腹部的尖儿来调节发炮位置，屁步甲族另有一套简单而巧妙的办法。学名为 *Metrius contractus* 的屁步甲，鞘翅（外层的硬翅膀）边缘上有一条沟，开炮之后，苯醌溶液会顺着沟朝前流去，在身体前端发生剧烈的反应，像啤酒一样，飞沫喷溅。流动的物体会脱离水流（或气流），贴着一个凸出的物体流动，叫做康达效应（Coanda Effect）。我们都很熟悉这个烦人的现象：倒汤倒水的时候，总会有几滴沾在碗上，顺着碗的外壁朝下流，流出一道长线。

如果要往后开炮，甲虫把腹部往下压，让"炮口"脱离那两条沟，苯醌溶液直接流到屁股后面。至于往左右喷，只要选用左侧或右侧的弹药室就可以了。

Metrius contractus 属于比较原始的炮手，其他的屁步甲，鞘翅上突出成两条棱，棱的上面才是沟，这样，顺沟流淌的"弹药"可以从翅膀上飞溅出来，越过甲虫的头直喷向前，变成真正的毒炮。

角蜥：对汪星人的恶意

荒木飞吕彦的漫画《JOJO的奇妙冒险》，里面的大反派迪奥，拥有把体液从眼睛里射出的能力，其破坏力有如利箭。

角蜥（*Phrynosoma* 属）也把眼睛变成了奇门武器。它生活在美洲的沙漠中，长相丑怪：身体又圆又扁，仿佛比目鱼，头、背和尾巴上长满了尖刺，这又有点像恐龙，有些角蜥还有鲜明的花纹。如果犬科的捕食者，例如敏狐（学名 *Vulpes macrotis*）或者郊狼（学名 *Canis latrans*）来招惹它，角蜥会从眼睛射出血来，远及1.5米。如果人或者别的食肉动物吓它，它很少会玩这一招。演化君创造这一招，可能就是专门为了对付汪星人。

蜥蜴脖子里的大静脉，周围包裹着肌肉，角蜥可以通过收缩肌肉，把静脉堵住。几乎所有从脑袋流过的静脉血，都要经过这些大静脉，血液的通路堵上了，许多血积在脑子里流不出，血压大大升高。借助这股力量，血液冲破眼睑上的静脉，鲜红的、细细的血柱，激射而出。

除了外观中二感满载，这一招还附带化学杀伤效果。虽然我们对角蜥体内的化学物质所知甚少，韦德·C.舍布鲁克（Wade C. Sherbrooke）和J.拉塞尔·曼森（J. Russell Mason）曾用郊狼和角蜥做了实验。把角蜥血用针管射到郊狼脸上，可怜的汪星人就表现出痛苦的样子，伸出舌头舔嘴，嘴一张一闭，使劲摇头。用别的蜥蜴血不会有这种效果。如果吃下死的角蜥，郊狼会呕吐，虽然有时它会吐了、吃下去、吐了、再吃下去循环多次（好像很舍不得），但最后总会剩下一些残骸。显然，角蜥体内含有让它厌恶的物质。

在漫画里，迪奥做的第一件恶事，是把主角的爱犬烧死，角蜥对狗也是恶意满满啊。

枪虾：铿锵有声的真汉子

生活在温暖浅海里的鼓虾属（*Alpheus* spp.）与合鼓虾属（*Synalpheus* spp.），外貌上最大的特点是，有一边的钳子特别壮硕（随机左手或右手），另一边是正常的大小。它们的英文俗称是手枪虾（Pistol Shrimp）。手枪虾钳子上的“手指”有一个凸起，而虾钳上又有一个凹陷，用力合上钳子，凸起和凹陷碰在一起，就会发出“噼噼啪啪”的巨响（听起来有点像干柴在火中烧爆的声音）。手枪虾把虾钳合上，仅需 0.6 毫秒（1 毫秒 = 10^{-3} 秒），如果表针的旋转能像手枪虾的全速那么快，在 1 秒内可以转过 550 圈。

虾钳上的凸起塞进凹陷之中，这个捣米一样的动作，会把原先在凹陷中的水“挤”出来。水流的速度可达 25 米 / 秒，流动的东西速度越高，压力越小，而压力小，会使液体的沸点降低。这些中学物理课的知识点凑到一起，产生了意想不到之效力。虾钳中间，压力极低的水气化了，出现了气泡，这叫做空穴（Cavitation）。气泡很快爆开，产生巨响。在一米外，这声音可以达到 210 分贝，以至于曾被当成是地壳活动。

手枪虾靠着这一把手枪打天下，可以击晕小鱼小虾当饭，可以吓退敌人，如果离开远一点，不至于彼此中枪，还可以靠着枪声跟同类交流。

这还不是全部。手枪虾的声波穿过气泡时，会产生闪光。虽然肉眼看不到，但发光时的力量不可轻视，气泡内有巨大的压力和 5000 开尔文（但开尔文是从绝对零度算起的，所以开尔文温度数值 –273. 15= 摄氏温度数值）的温度，称为声致发光（Sonoluminescence）。这闪光产生的原理，我们尚不清楚。有科学家认为，利用人工制造的声致发光（当然，比枪虾强力许多）的极高温，可以进行核聚变，虽然目前还没有成功过。

科学家开玩笑说，手枪虾的这一招，应该叫做虾致发光（Shrimpoluminescence，其实叫做“闪虾狗眼”也不错）。虾致发光的持续时间极短，以皮秒（1 皮秒 $=10^{-9}$ 毫秒）计，否则这些小东西真的要上天了。

学而时玩之

软绵绵的茸毛，无辜的大眼睛，动物宝宝总是能让人萌到飞起来，相比泰迪熊和二次元，它们在卖萌方面，还有一个独门优势：只要是醒着的时候，它们总在玩耍。

从小蝙蝠到小犀牛，几乎所有哺乳动物的幼崽都爱玩。欧洲马鹿的宝宝东跑西颠，后腿不时踢向天空，有时候两头小鹿低下头，摆出大鹿角斗的姿势来，虽然它们还没长出角。它们还会玩“占山为王（king of the hill）”的游戏，一群小鹿争先恐后地跑向一个山坡，比赛谁最先到达坡顶。年幼的美洲黑熊则喜欢玩打架游戏，它们会摔跤，会立起来用爪子互打，人工饲养的小熊还会跟人一起玩耍，它们还会萌萌哒小心不咬伤脆弱的人类。小狗有一套特殊的姿势，表示“我们来玩吧”：趴下前腿，压低前半个身子，摇尾巴，汪汪地叫。在动物行为学上，这叫做“玩耍鞠躬”（play bow）。

跟人类一样，许多小动物的玩耍动作，是成年动物行为的小型翻版。小猫会捕捉任何一个动的东西：伏低身子，“悄悄地”接近一条绳子，然后跳起来用爪把绳子按住，或者跃到空中，用两只前爪拍打空中飞舞的昆虫，甚至灰尘。这实际上是对成年猫行为的演习。小猫开始玩耍（4 周）和最热衷于玩耍（12 周）的时间，也正是它的小脑（运动中枢）和肌肉纤维高度发展的时间，也许，这说明了玩耍对动物生存的关键作用。玩耍有助于练习它们将来用得到的本领，而且还能提高体力和运动协调性。

从灵长类动物的游戏里能看到它们将来的缩影。相比之下，小雄猴更喜欢跟同龄的猴孩子追跑打闹，而小雌猴宁愿跟妈妈在一起,试图帮妈妈照顾自己（还是婴儿）的弟弟妹妹。作为社会性动物，灵长类的童年要与玩伴一起度过，才能成长为心理健康的大猴子。在打闹追逐之中，小猴与玩伴建立起友情的纽带（从小一块儿玩大的雄金丝猴，长大后也会成为互相帮助的亲密朋友，一起理毛，一起离开群体去开辟新领地），并学会了在猴群中相处的方法。它们甚至还有“青春期教育”——小雄猴会在同性同类身上练习爬上雌猴的姿势。

相比残酷的“成人”社会，小猴在玩耍中学习猴际关系技巧更为安全，而且课程也更多样化。小猴还没有长出锋利的獠牙，游戏中它们也不会真正使劲咬或者打对方。在打斗玩耍中，年龄较大，体力较强的猴子，还会谦让弱者。这样的好处有二：胜负不易分出，它们就可以一直玩下去；弱者可以有机会学习如何以一个胜利者的身份生活下去——如果它们有朝一日逆袭成功的话。小猴子和小长臂猿在玩耍前还会发出尖叫，表示自己不是要攻击对方，而是想打闹一番，翻译成人的语言，意思大概就是“我跟你闹着玩呢”。

游戏的另一个好处更为隐秘，也更有趣。成年动物的行为和习惯已经固化，比较僵硬，难于改变（所谓的“你不能教老狗学新把戏”）。在日本幸岛上，曾经出现过日本猕猴界的一大技术革新：把沾了泥沙的白薯在水里洗干净再吃。这项专利的拥有者，是一只两岁名叫伊茉（Imo）的小猴，未成年的小猴更喜欢探索新环境，在学习新知识时，也更有可塑性，三岁以后的日本猕猴就“僵化”了。

玩耍的动物宝宝是野生世界的爱迪生。黑猩猩是非常聪明的动物，它有创造力：如果把食物挂在高处，给黑猩猩几根短棍子，它会把棍子连在一起，做成能够到食物的长棍子。但是，如果成年黑猩猩从小就没见过棍子，第一次给它这些工具，它只会感到困惑，不知要拿这些东西派什么用。据说，曾有人问法拉第"电磁感应有什么用？"法拉第反问道："婴儿有什么用？"新发明虽然诞生于大"人"之手，它的酝酿却要仰赖于孩子。把棍子给两岁的黑猩猩幼儿，它只会拿它们当玩具，然而，就在玩弄的过程中，它可以慢慢了解这些工具的性质，顺利地完成发明。

王小波说过，学习是快乐的，问题是，我们现在总是板着一张"学海无涯苦作舟"的晚娘脸来看待它。其实自然早就解决了这个问题，只是它的解法已经离我们一去而不复返了。

大小有别

在罗尔德·达尔（Roald Dahl）的童话名作《好心眼儿巨人》（*The BFG by Roald Dahl*）中，一个24英尺（1英尺≈0.3米）高的巨人受英国女王邀请，一起享用英式早餐。宫廷里没有合适巨人使用的餐具，但内廷总管是个很聪明的人，很快做出了计算：一个六英尺的普通人要坐在高三英尺，宽一英尺，长两英尺的桌子前，吃两个煎鸡蛋。那么，一个高度是普通人四倍的巨人，就需要高十二英尺，宽四英尺，长八英尺的桌子，吃八个煎鸡蛋，总之，一切都应该乘以四。

于是总管指挥佣人们，用大座钟和乒乓球桌搭了一张临时的桌子，巨人很满意这个座位，但问题是，八个鸡蛋只够他吃一小口。

巨人的桌子是一般桌子高度的四倍，但桌子的大小并不是一般桌子的四倍。当我们说一张桌子桌面“宽一英尺，长两英尺”时，我们讨论的是二维的东西——面积：

普通人的桌子：$1 \times 2 = 2$（平方英尺）

巨人的桌子：$4 \times 8 = 32$（平方英尺）

也就是说，巨人桌面的大小是一般桌子的16倍。

至于桌子的重量，要先知道桌子的体积才能计算，这是一个三维（立体）的问题，我不太清楚大座钟搭成的桌子是什么形状，所以我假设两张桌子都是最简单的长方体：

普通人的桌子：$3\times1\times2=6$（立方英尺）

巨人的桌子：$12\times4\times8=384$（立方英尺）

巨人的桌子体积是一般桌子的64倍，所以，重量也应该是一般桌子的64倍。

如果把长度放大成原来的4倍，那么，面积会是原来的16倍，体积和重量则是原来的64倍，桌子如此，巨人先生本人如此，鸡蛋亦是如此。回头考虑鸡蛋的问题，我们关心的是它的重量，对巨人来说够吃一顿的鸡蛋，应是普通鸡蛋重量的64倍——我们没有那么大的鸡蛋，但可以用数量来弥补：

$$2\times64=128\text{（个）}$$

在故事里，巨人吃掉第72个鸡蛋时，皇家厨师来报，厨房的存货空了——对于高度是普通人4倍的巨人来说，这其实算不了多少。

如果你要把一个东西变大，一维（高度）上的增加赶不上二维(面积)的增加,二维的增加又赶不上三维(体积和重量)的增加，这是我们这个世界的规则，它决定了许许多多动物世界里的问题。

大象一定要有大象腿

面对大象和恐龙，我们会慨叹人类多么渺小，但实际上，我们人类在动物世界里，是非常庞大的物种。兽类中最兴旺的家族是鼠辈（啮齿目)，其次是蝙蝠，已知的物种中昆虫超过一半。这是一个属于小东西的世界,我们是遗世独立的巨人。

我们习惯了巨人的世界，对于许多仅出现在巨人世界的特殊问题也不再关心，比如，人腿为什么这么粗?

骨头的强度取决于粗细，越粗壮自然也就越结实，而决定粗细的标准是横截面积——把骨头切开，得到断口的面积，这是一个二维的问题。而动物体重的增加，是三维的问题。如果真有身高是常人四倍的巨人，他的体重将是常人的 64 倍，骨头的粗细却仅仅是 16 倍——他等于是站在火柴棍上。

结论是，动物若想长大，支撑体重的腿就必须额外加粗，否则就会被自重压垮。昆虫的腿可以像毛发一样细，而庞然大物——不管是大象、犀牛还是恐龙，腿必然是又粗又壮，骨头也更粗大。即使大象的骨头如此粗，它还是处在岌岌可危的状态。大到这个程度，体重本身就成了一枚定时炸弹，随便绊一下，摔一下，都可能造成严重的伤害。

浓缩的才是精华

大象可以用鼻子举起 250 千克重的木头，考虑到它体型巨大，这个重量只相当于一个人抱起一只猫（当然，不是用鼻子）。小生物的速度和力量令人惊讶。蚂蚁可以搬起相当于体重50倍的东西，如果按相对身体的长度来算，奔跑速度最快的动物，是虎甲科（Cicindelidae）的甲虫。如果和人一样大，它的奔跑速度会超过300千米/小时。

肌肉的强壮度和骨骼一样，是由肌纤维的粗细决定的。如果体重变大，肌肉变粗壮的速度会跟不上体重，看来巨人不仅脆弱，力气也不大。

如果把人缩小到原来身高的1/4，情况就会完全不同。力气减小的速度，比体重减轻慢得多。缩小后他的体重仅剩原来的1/64，肌肉的粗细却是原来的1/16，他的力气也是原来的1/16。假设这个人体重是64千克，能搬动相当于体重一半的东西，也就是32千克，现在他体重1千克，能搬动2千克——相当于体重两倍的东西。

蚂蚁会让人觉得力大无比，是因为它的相对力量。蚂蚁举起的东西是自身体重好几倍，然而，如果把人缩小到和蚂蚁一样，力气也不会比蚂蚁弱。在力量方面，越小越强大。已知所有动物中力量最大的是一种螨虫（学名 *Archegozetes longisetosus*），能拖动相当于自身体重1180倍的重物，它的体长连1毫米都不到。

九命猫与不死鼠

俗话说猫有九命。根据兽医诊所记录，猫跳楼的死亡率大概是10%。一般对此的解释是，猫比人灵活，可以在空中转成四脚着地的姿势，还可以屈腿来减小冲力。但这不能解释问题的全部，还有一个重要的因素是它们的体型，猫比人小太多了。

跳楼的猫除了重力之外，还受到空气的阻力——这个阻力的大小，取决于猫身体的表面能“接”到多少空气，就像降落伞一样。

于是我们又遇到了类似骨头粗细的问题。表面是二维的，而体重是三维的，所以体重增长的速度，要快过表面扩大的速度。如果跳楼的不是一只猫，而是一条狗，因为狗的体重远比猫大，能接住空气的表面却不会大太多，结果就是悲剧。一个合格的降落伞应该重量小而面积大，能“兜住”更多空气，在这方面，猫要比狗够格，狗要比大象够格，动物越小越好。猫从高处坠落，最高的下落速度约 100 千米 / 小时，人类要达到 210 千米 / 小时，毫不奇怪，人会摔得更悲惨。

体重更轻的动物，坠落的速度自然更慢。生物学家约翰·伯顿·桑德森·霍尔丹（John Burdon Sanderson Haldane）曾经说过，如果你把一只小老鼠顺着管道扔进一千米深的矿井里，它会愣一愣，随即若无其事地跑掉。对巨人来说，重力是恐惧和危险的源泉，但对于昆虫来说，重力什么都不是，因为它们微小的体重和大表面，“兜”住的空气阻力足以克服大多数重力。苍蝇可以在天花板上散步，如果你把蚂蚁扔进矿井，它大概是饿死的。

比动物更小的生物根本不知重力的存在。有些细菌体内有细小的天然磁石，起着指南针的作用，指引细菌向北游，这些小东西不是要去北方，而是要下潜——地球磁场的磁力线其实不是平平地向北，而是略向下倾斜。在巨人看来，细菌的方向感是非常奇特的：知南北而不知上下。

翼若垂天之云

另外一个跟克服重力相关的问题是飞行。飞行需要空气的升力，而承接升力的东西是翅膀，确切地说，是翅膀的表面。

于是，类似猫跳楼的情况又出现了。把小动物变大，它的体重（三维的）会增加很多，翅膀（二维的）表面却增加不了多少，如果大动物想飞，就必须把翅膀额外扩大，来“接住”更多的升力。昆虫凭着玩具般的小翅膀就能飞，蜂鸟翅膀也大不了多少，那些巨大的飞鸟，比如天鹅和安第斯神鹰（学名 *Vultur gryphus*），就必须长一对宽广如云的翅膀。

对于飞行动物来说，体重是永远的痛。如果放弃飞行，鸟的身材就可以极大地增长。鸵鸟重达 90 千克，著名的渡渡鸟（学名 *Raphus cucullatus*）重 23 千克，和鸵鸟比不算太大，但它现存的近亲蓑鸽（学名 *Caloenas nicobarica*），重仅 650 克。

史上最大的飞行动物是风神翼龙（学名 *Quetzalcoatlus northropi*），根据推测，这种白垩纪的巨型爬行动物翼展达 12 米，身躯之高大，活像一头会飞的长颈鹿，然而它的体重比成人大不了多少（同样是根据推测，90~120 千克）。如果天使有这么大的翅膀，也许能飞起来，但天堂里一定很挤。

甜甜圈与蚯蚓

油锅是个很好的教具，我指的不是地狱里的，而是厨房里炸东西的油锅。用来油炸的食物不可以太大，因为油是从表面对食物加热的，大块的东西“三维”重量增加了很多，“二维”表面却没有增加多少，热量无法深入，会炸得外焦里生。

动物身体的“表面”，也面临着同样的问题，它们要接触的不是滚油，而是氧气。原始的动物是用表皮吸收氧气的，像丢进油锅的面团一样。如果动物长得更大，迅速增长的体重意味着需要更多的氧气，而“外面”负责吸氧表皮的长大，却跟不上“里面”肉体的增重，很快就会入不敷出了。

解决办法之一是尽可能扩大面积。油饼很大却很薄，有很大的表面与油接触。但是，采取这一策略的动物形状会非常古怪：寄生在人肠里的绦虫长可达 5 米，却和一根鞋带一样窄，和纸一样薄。

另外一个办法是创造内部器官。甜甜圈据说是一位小学生发明的，在面团中间挖个洞，油不仅从外面，也从里面加热，这样即使很大的面团也可以炸透。蚯蚓仍然用皮肤呼吸，但它有血管，可以把氧气迅速送到身体的各个角落。澳洲大蚯蚓（学名 *Megascolides australis*）体长超过一米，直径 2 厘米，比绦虫丰满，不过，还是很像面条。

更精致的内部器官是属于巨型动物的，我们有肺。猪肺放在水里会漂起来，这是因为它里面充满了叫做“肺泡”的空洞，这些小洞使得肺与空气接触的表面非常大，如果把它全部铺开，面积近 100 平方米。

靠肉体表面吸收的东西除了氧气，还有食物和水（绦虫就是用表皮吸收营养的），大型生物解决这个问题的办法和吸氧一样，尽可能地扩大表面。小肠里面是毛茸茸的，植物根上布满根毛，也都是为了获得最大的表面积，曾有人研究过一棵裸麦在 4 个月内长出的根毛总数，竟达到 14 亿条。

怕热的裸猿

对于热血动物——哺乳动物和鸟类来说，身体长大还会带来一个问题，与炸甜甜圈恰好相反，不是外面的热如何进去，而是里面的热如何出来。

我们的身体像一个火炉子，不断产生热量，热量是从身体表面散发出来的。于是又遇上了经典的问题：如果“里面”的身体很小，“外面”相对庞大的表皮，就会使大量的热发散出去；反之，身体很大，热量就会蓄积在体内难以发散。一杯水比一澡盆水凉得快，就是这个道理。

鼩鼱（模样很像老鼠，但它跟刺猬是近亲）是最小的哺乳动物之一，体重两克，它的热量散发得非常快，必须不停往炉子里填煤。这个小家伙一天要吃相当于两倍体重的昆虫。

水能比空气更快地带走热量，海兽中体型最小的是海獭，虽然它体重20千克，不能算小，还是要不停进食，再披上一件兽类中最浓密最保暖的毛皮（因为这身珍贵的行头，海獭曾被捕杀到濒临灭绝）来御寒。

与之相反的是巨兽。它们面临的问题不是太冷，而是太热，庞大身体内部的热散发不出去。犀牛和大象几乎没有毛，大象还有一套“内置空调”：大耳朵。象耳表面积巨大，里面又有丰富的血管，血液流往耳朵，凭借很大的表面积散发热量，降低温度，然后再送往全身。

“幸福”的小人国

科幻作家刘慈欣写过一篇《微纪元》，里面出现了只有细菌大小的人，微型人的生活是很幸福的，从多高的地方跳下都不怕，在空中自由自在地飘荡，简直是飘飘欲仙。但是，刘慈欣回避了一个最重要的问题，细菌一样大的脑子，根本不足以支持人类的思考。

电脑的性能依赖里面的元件，脑子的性能依赖脑内的神经细胞。脑细胞的数量越多，信息处理的能力越强。但是，细胞又是一个不能缩小的东西。

细胞是一个精致的小机器，通过它的表面，氧气和许多别的东西进进出出。体积大小的变化要比表皮的变化快，这限制了细胞的大小——如果太大，里面的“馅儿”过于庞大，表皮太少，会因为得不到足够的氧气而“憋死”，如果太小，又装不下精致复杂的“零件”。细胞的大小被严格控制在一定范围内。

细胞不能随随便便放大或缩小，细胞的数目也不能减少，所以脑子要正常运转，必须得保持一定的个头。世界上第一台计算机重30吨，因为它用的元件是电子管，体积太大。

如果你把狼的头骨和经过人类驯化缩小的狼——吉娃娃的头骨放在一起，会发现一些奇怪的事。狼的头骨是长形，脑顶是平平的，吉娃娃的头骨几乎是球形，脑顶是圆溜溜的，让人想起科幻故事中，脑子巨大，智慧极高的外星人。吉娃娃不算特别聪明，但也维持在一只狗的水平，它的身体缩小了，脑子却不能按比例缩小，于是，它的脑袋和身体相比，显得硕大无朋。

《微纪元》里的微型人，身体比正常的神经细胞还小，说实在的，我们不用担心他们有没有智慧，他们能否作为活着的细胞存在，本身就是一个问题。

第3章

天鹅确实存在

动物只为了吃饭才杀戮吗?

动物摄影师迈克尔·丹尼斯-赫特(Michel Denis-Huot)拍摄过一组照片,几只猎豹抓住了一只黑斑羚(学名 *Aepyceros melampus*),温柔地舔它,然后把它咬死了。这组照片在网上广泛流行,奇怪的是,最后小羚羊惨死的画面被刻意剪掉了,还经常配上温情脉脉的文字,宣称动物只为了吃饭才杀戮,并不像人类那样残忍。

一只动物杀掉另一只动物,可以有很多种理由,吃只是其中一种。1974年,在坦桑尼亚贡贝国家公园(Gombe National Park),八只黑猩猩来到它们地盘的边缘,把落单的一只黑猩猩打得奄奄一息,这只黑猩猩来自附近领地上的另一个族群,它们行凶并不是为了吃同类的肉,而是为了侵吞"敌国"的地盘。

如果黑猩猩杀死猴子然后吃肉,在动物行为学上属于捕食行为,如果它为了抢地盘杀死另一只黑猩猩,这就是攻击行为。捕食行为是为了吃,可以针对各种可吃的东西,攻击行为则是为了抢夺资源(食物、异性等),只针对同类。虽然两者都可能会用到牙、爪和肌肉,但本质上是完全不同的行为。

获诺贝尔生理学奖的动物行为学家康拉德·劳伦兹(Konrad Lorenz)曾说,狮子对野牛流露出的攻击欲望,不会比人类对晚上要吃的火鸡流露出的更多。就像是劳伦兹不会对火鸡宣战一样，一只动物通过攻击行为杀死了别的动物而不吃，也不奇怪。

除此以外，动物也可能为了自卫（防御行为），为了保护自己的地盘（领域行为），或者为了保护孩子（繁殖行为）杀死其他动物，“吃”只是“杀”的理由之一。说野生动物只为了吃而杀，显然是不正确的。

荷兰生物学家汉斯·克鲁克（Hans Kruuk）在《斑鬣狗的捕食和社会行为》（*The Spotted Hyena:A Study of Predation and Social Behaviour*）一书中记载，1966年，一群斑鬣狗（学名 *Crocuta Crocuta*）咬死了至少110只汤姆森瞪羚（学名 *Eudorcas thomsonii*），还咬伤了很多，只吃了一小部分（研究者抽查的59头里只有13头被吃掉）。

鬣狗和瞪羚不是同类，没有竞争关系，更何况还有一部分瞪羚真被吃掉了，但被杀死的量远远超过被吃掉的，“捕”而不“食”，这在动物行为学上称为surplus killing。在学术论文中，surplus killing可以翻译为“过捕”“浪费能量的猎杀”。对动物有兴趣的人可能听说过“杀过行为”，科普杂志《森林与人类》的2000年第3期刊登过一篇文章，名为《奇怪的动物“杀过”行为》，“杀过”是对surplus killing这个词的另一种翻译，不过，“杀过”在学术界并不是通用的术语。

有surplus killing行为的动物，除了斑鬣狗还有豹、红狐、伶鼬（学名 *Mustel anivalis*）、逆戟鲸、花头鸺鹠（学名 *Glaucidium passerinum*）、一种杂食性的蝽象（学名 *Macrolophus pygmaeus*），一种蚊的幼虫（学名 *Corethrella appendiculata*），等等。

克鲁克在1972年发表的论文《食肉动物的surplus killing行为》（*Surplus Killing by Carnivores*）里，研究了surplus killing出现的原因。

有人认为，食肉动物（这里指 carnivore，即食肉目哺乳动物）寻食的行为受到饥饱影响，但捕杀并不受。换句话说，吃饱的猫不会去“寻找”老鼠，但你给它老鼠，它仍然会“抓住”并“咬死”，所以食肉动物捕杀可能是不问饥饱的。另外，猎物可以引起食肉动物的捕杀本能，大量的猎物对捕食者是很大的刺激，也会刺激它不断捕杀。

另外，猎物不能逃跑或抵抗，也是出现 surplus killing 的一个条件。比如在很黑的暴风雨夜，黑头鸥（学名 *Larus ridibundus*）不能飞逃，就会被狐狸一个个杀掉。20 世纪 60 年代晚期，苏格兰南部必须限制红狐的数量，以防它们灭绝当地的黑头鸥。

蚂蚁大军杀到！

恐怖的行军蚁传说

在1986年的《读者》（当时名为《读者文摘》）上，笔者看到一个令人不寒而栗的故事，亚马孙河农场被“长达10千米，宽达5千米的褐色蚁群”袭击，这些蚂蚁能瞬间把猛兽啃为白骨。这就是臭名昭著的行军蚁，关于它的故事，不计其数。1998年《奥秘》杂志上的一个版本，甚至说行军蚁什么都吃，连黄金都会被它啃噬一空。

蚂蚁吃不了黄金，但关于蚂蚁、沙漠和黄金的传说古而有之。早在古希腊，作家希罗多德（Herodotus）在他的《历史》（*The Histories*）中，就记载了掘金蚁的传说。传说这种蚂蚁体型比狐狸还大，能挖出地下埋藏的金矿，印度人会骑着骆驼来偷它们的金子，然后掉头就跑，因为掘金蚁的速度之快举世无双。

一些定居的蚂蚁（不是行军蚁，行军蚁的生活习性是很独特的，这一点下面还会讲到）会在蚁冢（土堆状的蚁窝）外面铺一些小石子，因为石子的导热效果比泥土好，可以起到取暖的作用，有时候蚂蚁的“石子太阳能取暖器”里会混着沙金。研究蚂蚁的泰斗级人物、美国生物学家爱德华·O. 威尔逊

（Edward O. Wilson）认为，这可能就是掘金蚁传说的来源。也有人认为掘金蚁的原型是土拨鼠，它们挖洞时偶尔会带出地下的沙金。

行军蚁的家谱

昆虫学上的行军蚁（Armyant）一词，是指多种集群觅食，没有固定巢穴的蚂蚁，它们分属蚁科（Formicidae）的三个家族：行军蚁亚科（Dorylinae）、双节行军蚁亚科（Aenictinae）和游蚁亚科（Ecitoninae）。

美国昆虫学家威廉·戈特瓦尔（William Gotwald）认为这三类行军蚁虽然习性相似，却是条条大路通罗马，各有各自的祖先。行军蚁起源在非洲，双节行军蚁在亚洲，游蚁在美洲。

然而 2003 年，另一名美国昆虫学家肖恩·G. 布拉迪（Sean G. Brady）研究了行军蚁的基因、形态和近期发现的蚂蚁化石，认为这三类行军蚁有一个共同的祖先，它们之间不是殊途同归，而是同路人的关系。行军蚁共同的老祖先可以追溯到白垩纪，那时美洲大陆与非洲大陆还是相连的，在 1 亿年前，随着两块陆地的分离，身在美洲的游蚁家族，就和其他两类同胞分开了。

所有行军蚁都生活在热带。行军蚁和双节行军蚁在亚洲、非洲都有，游蚁则在美洲。它们最喜欢的栖息地是热带雨林，食物匮乏的沙漠里是没有行军蚁的。

一种典型的行军蚁：布氏游蚁

南美洲的布氏游蚁（学名 *Eciton burchelli*），可能是我们了解最多的一种行军蚁。正如其名，行军蚁是一支总是在“行进”的“大军”，没有固定的家，只在一个地方定居两三个星期，然后再花两三个星期迁往下一个地方。布氏游蚁的临时“军营”通常扎在树干上，蚂蚁们抱成团，把幼虫和蚁后保护在内。

天亮之后，布氏游蚁的大军就开始巡视森林了，它们排成几十米长的纵队离开巢穴，然后在纵队前端成树冠状散开，形成宽达 15 米的巨大扇形，像镰刀般收割丛林地面上的一切小动物。昆虫、蜘蛛、蝎子和蜈蚣都不能幸免，有时蜥蜴、蛇和雏鸟也会成为牺牲品。这些猎物不是被当场吃掉，而是被运回到“大后方”的“军营”里去。在干燥的天气里，这支大军行走和屠戮的声音人耳都听得见。

许多种的蚂蚁都会派出单独的“侦察兵”来寻食，找到食物后再搬大部队来帮忙。但行军蚁无论侦察觅食,捕捉食物，还是带食回巢，总是结成浩浩荡荡的庞大军队。它们从来不会单独行动。

一般来说，食肉动物的猎物都比自己小，但一群食肉动物集合起来，就可以制服比自己强大的猎物，狼和逆戟鲸（别名虎鲸、杀人鲸，英文名 Killer Whale，学名 *Orcinus orca*）都是如此，但狼群绝不会像布氏游蚁那样，形成如此恐怖的规模，每群布氏游蚁的“蚁口”在 15 万 ~70 万只之间，总重可达 1 千克。

蚁后是蚁群的生殖器。一般蚂蚁的蚁后总在持续不停地产卵，可谓细水长流，但布氏游蚁的蚁后产起卵来像是潮水般猛烈。大军一旦在一个地方“驻扎”下来，她的卵巢就开始飞快地发育，膨胀得大腹便便，一周之后，她一口气产下 10 万 ~30 万粒卵，等这些卵孵化成幼虫，军队就拔营前往下一个地方。蚁后也停止产卵，恢复“产后辣妈”体型，去追随大部队，她有强健的腿，能走长路。

所有 3 个亚科的行军蚁无一例外都具备布氏游蚁的 3 个特征：没有定居，集群觅食，蚁后拥有短时间大批产卵的能力和适于迁徙的体格。其他一些种类的蚂蚁，可能会在某些方面类似行军蚁，但 3 个特征兼备的只有行军蚁。切叶蚁亚科（Myrmicinae）的全异巨首蚁（学名 *Pheidologeton diversus*）也会成群结队地剿杀昆虫，但全异巨首蚁经常在一个地方定居很久。

行军蚁到底有多可怕?

这个世界上最强大的行军蚁，可能是生活在西非的威氏行军蚁（学名 *Dorylus wilverthi*），它的蚁群规模可超过 200 万只，蚁后一个月能产卵 400 万粒，觅食大军的纵队出发时，绵延近百米——没有像传说里那样长达 10 千米，不过也够可怕的了。

美国传教士兼博物学家托马斯 · S. 赛威芝（Thomas S. Savage）在 1847 年发表过一篇恐怖而精彩的论文，描述威氏行军蚁是如何袭击民居的。它们长驱直入，与屋子里的“原住民”——老鼠、甲虫、蟑螂等——发动大战，也不放过人储藏的鲜肉和油脂，有时甚至关起来的家禽都会被活活咬死。

哇噢！威氏行军蚁如此了得，吃个人应该没问题吧？但 2007 年的一次研究显示，威氏行军蚁 90% 的食物都是昆虫。原因很简单，虽然体型小可以靠数量来弥补，但步子小是没有办法的。单只蚂蚁每小时可以前进约 100 米，但整个蚁群要慢得多。威氏行军蚁大队的前进速度是每小时 20 米，相比之下，连树懒的时速都有 1.9 千米……你还害怕它们吗?

虽然对昆虫甚至蜥蜴来说，行军蚁无异于死神下发的死刑令，但被行军蚁干掉的大型动物，多半是被人类关了禁闭，无路可逃的倒霉蛋。步子够大，或者速度够快的动物，都可以跟行军蚁泰然相处。在布氏游蚁大军前进时，蚁鸟科

（Formicariidae）的多种小鸟，都会停栖在树干上，等着捕食被蚂蚁大部队惊飞的昆虫。

威尔逊在其著作《昆虫的社会》（*The Insect Societies*）中说，哪怕是一只小老鼠，都可以轻而易举地躲开行军蚁的攻击，我们完全可以“高高挂起”，在旁边观赏这个进化的奇迹。

老鹰的“重生”

老鹰会起死回生，还真是传说！不过，跟你想的并不太一样……

很多人都听过这个现代的传说故事：在鹰 40 岁时，羽毛、喙和爪子都会因长得过长，妨碍生存。这时它会拔羽、弃喙、去爪，在 150 天内静静蛰伏，直到这些器件重新长出，经过这次蜕变，鹰恢复健康，可以活到七十岁。

这个故事显然是错漏百出。首先，它所讲的物种就错了。如果你在网上搜索这个故事的英文版，会发现它叫做“rebirth of the eagle”，eagle 对应的是中文的“雕”，而不是“鹰”（英文是 hawk）。“雕”和“鹰”这两个词，都是对多种鹰科（Accipitridae）鸟类的统称，近期对鸟类基因的研究发现，我们原先叫做“雕”的多种鸟，其实应该划分为不同的类别。但无论如何，“鹰”和“雕”，或者“hawk”和“eagle”，两者的含义都是泾渭分明，没有哪一种鸟可以“脚踩两只船”，同时被归为“鹰”和“雕”的。

在中国，说到猛禽，我们会首先想到“鹰”这个字。但在西方世界，“eagle”被誉为百鸟之王，具有极高的文化地位。古希腊人以雕为天神宙斯的象征，《圣经》里多次提到雕，白头海雕（学名 *Haliaeetus leucocephalus*）是美国的国鸟。虽然在文化上，“鹰”和“eagle”的地位有可比之处，但你不能张冠李戴。

雕的寿命不算短，但也活不到70岁。野生的白头海雕最长寿纪录是21年零11个月，人工饲养的要长得多，能活48年。在严酷的自然环境下，动物露出老态，会大大增加它死于意外的几率。另外，已知最长寿的鸟，甚至最长寿的猛禽都不是雕。动物园饲养的安地斯神鹰（学名*Vultur gryphus*）能活到80岁，安地斯神鹰是体型最大的猛禽之一，不过，它爱吃腐肉，还是个大秃头，没有雕的形象好，好像不太适合放在“传说”里。

雕为了“重生”,做出的这一套“自虐”行为,就更不可信了。

鸟类更换羽毛倒不是什么新鲜事。实际上，鸟类经常脱换陈旧的羽毛。爪子尖是角质的，跟我们的指甲一样，爪尖断了可以再长出来。问题主要出在喙上。光溜溜的鸟喙从毛茸茸的鸟头上伸出来，看起来像一个奇怪的独立零件，其实它属于头骨的一部分。另外，喙也不是毫无知觉的。鸟喙的表面覆盖着一层指甲一样的角质，下面则是敏感软弱的组织，类似人指甲底下的“活肉”，再下面就是骨头。如果有东西穿透了这层角质，鸟类也会感觉疼痛的。

根据反虐待动物者、哲学家皮特·辛格（Peter Singer）的调查记录，有些工业化养鸡场为了避免鸡互相打架啄伤造成经济损失，会把鸡的喙尖切掉。辛格认为这是一种虐待动物的行为。由此可知，如果雕真的把喙敲掉，就会“牺牲”一大部分的骨头和肉，想想就觉得太可怕了。

另外，在“重生”的5个月中，雕吃什么呢？爪子没长出来，嘴没长好，羽毛也不全，还没法飞。雁和鸭子的一个特点，就是翅膀上的飞羽同时蜕换，在飞羽没长出来的时间里，它们是不能飞的。那段时间内鸟类的新陈代谢很快，5个月不吃饭必饿死无疑。

这样说来，“鹰”的重生在科学上完全是无稽之谈，不值得我们为它浪费时间。但是，这个故事虽然荒唐，但它在人类文化里，却根深蒂固。如果你的研究目标，是人类文化中的猛禽形象，而不是活生生的动物，“鹰”的重生自有它耐人寻味的一面。

“鹰”的重生故事可以追溯到西方的一本古籍 *Physiologus*，可以翻译做《生理学》，这是一本动物寓言书，用动物的形象来解释基督教的教义。最早的版本出现在公元2世纪。《生理学》讲到，年老的雕会飞近太阳，用炽热的阳光烧掉老化的羽毛和眼睛上遮蔽视线的薄膜（似乎是白内障一类的东西）。这个故事的原型，可能出自《希伯来圣经》中的《诗篇》，但《诗篇》的原文只草草提到一句，雕可以返老还童，细节是《生理学》擅自补充的。这就仿佛中国人用羊跪乳，来证明儒家思想里的“孝道”。

我们需要了解、需要探索的对象，不仅有自然存在的真实世界，也有人脑构想出的想象世界，这两个世界可能有重合之处，但也可能背道而驰。想象中的雕和真实的雕，走向了完全不同的两条路。我们能察觉到这种差距，不仅仅在一个“重生”的小故事上。本杰明·富兰克林（Benjamin Franklin）听说白头海雕被选为国鸟之后，大为不满，因为白头海雕会抢食其他鸟捕到的鱼，行为“不端”，不配成为美国的象征。

狼，是我们所想的狼吗？

小说《狼图腾》问世之后，受到惊人的欢迎，成为现象级的作品，甚至还拍成电影。狼（学名 *Canislupus*）是最能引起人兴趣的动物之一，也许是因为它在很多方面上和人类惊人的相似。

演化把狼塑造为结群生活，善于奔跑，在空旷草原上生活的动物。狼热爱吃肉，擅长合作猎捕大型动物，雌性照料幼婴的时候雄性会把食物带回来供养家庭。有时候，狼甚至比“正牌”的人类亲属猿猴更让人类感到亲切。

另一方面，狼家族中特殊的一员——狗，让人类不无担忧地想起，人类也是身戴“文明”的锁链，俯首帖耳服从于更高主宰者的“温驯”动物。虽然《狼图腾》里的“狗”，也是一种很受喜爱的动物，但作者也刻意强调两者的区别。小说里的蒙古人角色，听说主角要让狼和狗配种，当即大发雷霆，狗是“人的奴才”，狼是蒙古人崇拜的对象，怎么能混为一谈？我们更加乐意代入一种强大的、具有控制感的食肉动物的身份，这也反映了我们内心深处的需求。人不愿做狗，于是更加神往狼。

奴隶还是神明?

生物学家很早就承认了狗与狼的亲密关系。在他的《动物和植物在家养条件下的变异》里，达尔文提出了狗起源的问题。他列举了多种犬科动物（包括狼），指出它们跟家犬的许多相似之处。狗的品种如此繁多，而且长相各不一样，达尔文怀疑，它是多种动物驯化，并且互相杂交的成果。与狼同属的胡狼，包括亚洲胡狼（学名 *Canis aureus*）、侧纹胡狼（学名 *C. adustus*）、黑背胡狼（学名 *C. mesomelas*）三个物种，都被他怀疑为狗的“先祖”。

曾获诺贝尔奖的动物行为学家康拉德·劳伦兹（Konrad Lorenz），也认为最早的狗来自胡狼，之后才掺进了狼的血统。他把狗的性格分为两类，他认为随和、顺从的狗，继承了更多胡狼的行为；而只忠心于一人的狗，则是狼的个性的体现。

两位伟大生物学家，在这个问题上都栽了跟头。在基因检测技术出现之前，我们只能靠着表面的形态特征来分辨不同物种的亲疏关系，既然狗的外观如此千奇百怪，认为它拥有几个不同的祖先，也是很合理的猜测。

现在我们知道，在基因上，狼和狗的相似度远超过其他犬科动物。和狼关系最近的野生物种，北美郊狼（学名 *C. latrans*），它和狼的基因差异，比狗和狼要多上好几倍。狗的祖先是狼，大方向已经确定，但是，狗到底是在什么时候驯化的，由哪里的狼驯化的，科学家们还是各执一词，争端激烈。科学技术可以解决许多“悬案”。然而，科学的特征是我们知道的越多，在我们面前展现的未知问题也越多。

随便举个例子。在 2013 年，有四项关于狗起源的基因研究结果，发表在重要的科技类期刊上，这四篇论文分别来自不同的国家和单位：瑞典乌普萨拉大学的研究结果认为狗是在1万年前驯化于中东地区，这里是文明的摇篮，最早产生农业的地方。中国昆明动物研究所认为，狗是在3.2万年前被驯化于中国南部。芬兰图尔库大学的看法是，狗在1.88万年~3.21万年前，驯化于欧洲。美国芝加哥大学的结果是，狗的驯化历史有1.1万年~1.6万年，但驯化成狗的那批狼已经灭绝，我们已见不到了。

中国狼的“民族问题”

虽然在《狼图腾》里，蒙古狼被刻意和狗区分开来，其实它倒有可能是狗的祖先。内蒙古所产的狼，属于中国亚种（学名 *C. l. chanco*），它是中国唯一的一个狼亚种，俗名有蒙古狼、西藏狼和中国狼。它们在俄罗斯、印度、尼泊尔和不丹也有分布。

这个亚种属于中等身材，40千克重的雄性中国狼，已经能算是“巨狼”了。中国狼一般是棕色或棕灰色，有的狼脊背偏黑色，有的狼毛色发红，也有近乎黑的深色和近乎白的浅色。狼的毛色之多彩，在非家养的大型哺乳动物中，可能只有人类能与之相比。不同地区的狼，毛皮的厚度也各有不同，生活在寒冷地方的狼需要更厚的毛皮袄。《狼图腾》里写到，狼的毛色是枯草一样的灰黄色，一只狼的脖子和胸脯有大片的白毛，显得格外醒目，是比较符合事实的。但作者说内蒙古的狼是“最大最厉害的”，其实并无根据。

狼的迁移能力很强，因此，中国不同地点的狼可以相互交配。虽然外貌各有不同，分布的范围也很广阔，但所有的中国狼在基因上仍然连成一片，没有分裂成不同的亚种。

知道所有的中国狼“亲如一家”以后，这样想想是很有趣的：在众多的中文作品中，形形色色，或善或恶，或愚或智的狼，其实都来自同一个家族。从《聊斋》里吃了屠夫一刀的狼，到《狼图腾》里的狼神，从吃掉祥林嫂儿子的凶狼，到《大灰狼罗克》里为了亲近孩子，发誓食素的善狼，它们都是同一个家庭的成员，只是被人赋予了种种“狼（人）格”。

狼的食谱很广，大型有蹄类、鼠、兔、鸟、鱼、腐尸，厨余垃圾，甚至水果和草叶都可以充饥，这也是它能适应多种环境的重要原因。

动物学家乔治·比尔斯·夏勒（George Beals Schaller）发现，在西藏的土则岗日，狼的主要食物来源是迁移路过的藏羚羊（学名 *Pantholops hodgsonii*），其次是鼠兔（鼠兔属 *Ochotona* 的小动物，兔子的远亲）。当地的狼没有被发现有捕食牲畜的“劣迹”，也许是因为食物充足，或者狼的栖息地和人的聚居地相隔比较远。

虽然《狼图腾》对狼充满了崇拜，但作者也承认，狼会对牧业造成危害。内蒙古达赉湖自然保护区，在 2004 年 7 月和 2007 年 1 月之间，被狼咬死了 425 只家畜，损失 18 万元。偷窃牲畜的事件大都发生在秋季和冬季。一个重要的原因是当地缺乏野生的大型有蹄动物。冬季，啮齿动物活动减少，候鸟也飞走了，狼没有食物，就会铤而走险袭击家畜。

现代化的牧场用围栏把草地围起来，隔断了大型动物，比如黄羊（学名 *Procapra gutturosa*）的迁徙，是狼食物缺乏的原因之一。在《狼图腾》的结尾处，作者表示了担忧，新的生活方式对草原生态系统可能造成破坏，这是不无根据的。

父母，还是统帅？

《狼图腾》里出现的最大狼群，是“三四十头”，这个数量在小说的“世界”里，可能不算什么，却让主角受到极大的震撼，感觉到自然之威。作者并没有对狼群的数量，做太大的夸张。

一个普通的狼群，一般由一对狼夫妻和它们的孩子组成，也可能有一些外来者，例如狼夫妻的亲戚，或者夫妻一方死掉，“招亲”上门的外来狼。有时 2~3 个狼家庭共同活动，结成更大的群体。在阿拉斯加，曾经观察到 36 只狼聚成一个极大的狼群。

狼不会像很多人想象中那样，形成庞大的“军团”。一方面，野生环境下，大型食肉动物的数量，本来就极为稀少。它们需要广大的土地，足够多的食草动物，如果“狼口”密度太高，就会面临饿死的危险。

另一方面，群体里的成员越多，彼此之间的关系就越复杂，和人类一样，太复杂的社会关系，会超出狼头脑的处理能力。人多不一定好办事。

值得注意的是，有一种动物，生活在比狼群大得多的群体里，那就是人类。我们发达的大脑，可以处理更加复杂的社会关系。某些以狩猎采集为生的族群数量可以达到一百多人。农业出现之后，食物生产效率提高，“人群”更是大大膨胀了。我们之所以能想象出几百只的大狼群，是不是因为我们代入了人类自己的特征呢？

狼群中，地位最高的是大雄狼，其次是它的太太，动物行为学称之为主雄（alpha male）和主雌（alpha female）。狼群要做一件事（比如说捕食，保护领地或者搬到一个别的地方去）的时候，大多是主雄和主雌带头，跑在最前面引领狼群。用尿液的气味标记地盘也是主雄和主雌的工作。

狼王这个词杀气腾腾，让人想到一只凶暴的猛兽，以铁腕统治一支钢一样的军队。实际上，野狼群里的主雄和主雌，甚至所有的狼，在大多数时候，都是相当低调的，甚至比圈养的狼还要安静（动物园的狼是从各处抓来的，彼此都是生面孔，容易打起来）。

在野生的狼群里，地位高的狼很少表现出嚣张的姿态和攻击性。识别狼的“阶级”，最简单的办法是看尾巴。地位高的狼尾巴举高，平行于地面，地位低的狼尾巴下垂，有时夹到腿间。“下位者”和“上位者”相遇的时候，有一套动作表示服从：耳朵向下拉，尾巴摇动，舔“上位者”的嘴，有时还会卧倒在地，让“长官”嗅它的腹股沟。

对于所有生物而言，繁殖都是头等大事，值得为之爆发战斗。如果狼群里有外来的成年狼想要繁殖，会出现流血的冲突，但这种事并不常见。小狼一般长到一两岁，就会离开狼群，这个年龄的狼尚未成年，所以繁殖权掌握在主雄和主雌手里，极少遭到挑战，没有开战的理由。与其说狼群里地位最高的狼，是“狼王”和“女王”，倒不如说它们是繁育了一群子女的“父母”。

狼以食为天

《狼图腾》一再强调狼与狗的差别，然而，在一段“闲笔”上，却展示出狼与狗的相同处：半野的狗“二郎”在野外捕食归来，看家狗涌上来，抢舔“二郎”的嘴巴。

作者把这种行为简单地解释为，看家狗想吃肉了，其实它的含义更加复杂。前面说过，“舔嘴”是不同“阶层”狼相互问候的“礼节”。狗作为狼的后代，也继承了狼的行为。

“舔嘴”来源于小狼崽向父母讨食的动作。表示“服从”的舔嘴，只剩下社交的功能，不再具备“获得食物”的作用。一种行为改变它本来的作用，变成动物社会交流信息的手段，这种现象在生物进化过程中并不少见。劳伦兹称之为“仪式化”。虽然狼的行为并非文化而是本能，但它与人类的礼仪有相似之处。中国古代的大鼎，原本是用来煮肉的工具，后来变成政治权力的象征。

《狼图腾》里半开玩笑地说，“民以食为天”，这一点不如“狼以食为天”准确。狼的社会行为确实经常和“吃”联系在一起。食物的分配也反映出了地位的高低。如果狼群抓到大猎物，足够大家吃饱，无论地位高低，所有狼都可以一起进食。如果猎物小，狼多肉少，狼父母优先进食，然后才轮到半大的少年狼。

虽然狼之间有“阶级”之分，每只狼对于自己“嘴边的肉”，都有一定的所有权。如果别的狼凑近到半米以内来抢食，无论地位高低，进食的狼都会凶相毕露地护食。《狼图腾》也写到，人工饲养的小狼，对自己的食物表现出非常强烈的占有欲。这不仅是为了充饥，也是为了保证自己的“地位”不会被“僭越”。

狼崽在狼群中的地位最低，但在吃的方面，父母对它们非常照顾。雌狼生了狼崽以后，雄狼非常热情地承担起给妻儿送饭的工作，把猎物肉衔回来，或者吐出胃里半消化的碎肉，喂给雌狼和狼崽。甚至自己吃不饱，也要分食给太太。狼崽长大一点，就会主动跑出洞穴，欢迎猎食归来的父母，舔大狼的嘴喙，让它们把胃里的肉吐出来——这就是狼的“服从礼”的进化起源。

在《狼图腾》电影拍摄中，一只人工喂养的狼，曾做出“躺下”和“舔嘴”的行为，不过，它面对的不是狼王，而是电影导演——正如我们把狼当成穿毛皮的人，狼也把人当成无毛狼。到底谁错得更多一点呢？很难说。

真实世界的皮卡丘

蛮横的皮卡丘

人人喜爱的精灵宝可梦皮卡丘，是一只“电气鼠”，这是很合适的，因为啮齿目向来盛产萌物。来自内蒙和非洲的跳兔（学名 *Pedetes capensis*）和龙猫的远亲南美洲的山绒鼠（学名 *Lagidium viscacia*）都有可爱的圆滚身材，尖耳朵和粗尾巴。只是它们身材略小，皮卡丘体重 6 千克（小智成天抱着它，作为一个小孩，可以说是惊人的强壮了），比它们俩大了一倍。没办法，啮齿目如果体积大了，萌度就会直线下降。

但是啮齿目也有不好处。小型食草哺乳动物很容易被捕食，平时生活都非常小心。跳兔和山绒鼠白天藏在洞里，夜间才出来，跳兔还有长长的后腿，可以飞快地跳跃。皮神白天大摇大摆满地走，莫非是不知道“耗子过街，人人喊打”的古训吗？也许我多虑了，敢吃它的动物（或精灵宝可梦）都会像火箭队一样被变成电烤吐司。

虽然现实中没有会放电的耗子，但也有掌握强力绝招的啮齿动物：豪猪。旧大陆豪猪科（Hystricidae）的一些大型豪猪，发怒的时候连狮子都要让道。豪猪的尾刺末端很粗，而且是空心的，好像拉长的高脚杯，这是它的乐器。它摆动尾巴，就会发出响亮的“咔咔”声，恐吓敌人。

话说皮卡丘会不会发出什么标志性的声音?

“皮卡，丘！”

呃……看来很合理嘛。同理也可以解释，为什么皮卡丘的外表如此显眼：黄色、红色、黑色，再加上闪电形的尾巴。具有特殊防身技巧的动物，同时具备奇怪的声音或者鲜艳的皮肤，可以让敌人记住“不要惹它”，以此避免不必要的冲突。这就是警戒色原理。哺乳动物里，臭鼬也有警戒色，但臭鼬是黑白相间。因为攻击臭鼬的兽类都是半色盲，黑白对于它们来说是最醒目的。

这样看来，皮卡丘的敌人很可能是具有三色色觉的生物，例如鸟类或灵长目。在《精灵宝可梦》的动画里，皮卡丘初次跟主人小智相见，马上把他电得漆黑，后来智爷在一群鸟形宝可梦——烈雀的爪下舍命救它，才开始主动亲近它的主人。这倒是非常合理的。电气鼠讨厌猿，但智爷这头裸猿能帮忙驱赶鸟，两害相衡取其轻，就勉强跟着你吧。

妙蛙种子是蛙吗?

妙蛙种子有尖尖的“耳朵壳”，这是哺乳动物的特征。但它的英文名叫做 Bulbasaur，“saur”这个词是拉丁文的“蜥蜴”，是古爬行动物常用的词根。

可爱的尖耳朵无法留下化石，但耳朵确实在哺乳动物进化中具有非凡的意义。哺乳类的祖先是兽孔目动物，根据老式的分类法，它们属于“爬行类”，但现在倾向于把兽孔目和哺乳类一起归为合弓类（Synapsida）。耳朵里传导声音的锤骨和砧骨由我们祖先嘴上的骨头——下颌的关节骨和上颌的方骨——演化而来，根据兽孔目的化石，我们可以发现，从三叠纪到侏罗纪这段时间，这些动物的颌骨逐渐变小，移动位置，向“兽耳”的方向演变。

我们可以想象，精灵宝可梦世界的生物学家把妙蛙种子归为“爬行动物”，后来发现它长着一对“兽耳”（具有3块骨头的耳朵，能更好地接收高频率声音，听训练家的命令，大概也会更清楚），放在兽孔目更合适，甚至把它当成进化论的证据。

等一会儿，我们不考虑妙蛙种子是一种植物的可能吗？

没关系！光合作用在动物中并不少见。过气网红（绿？）树懒的毛发里住着藻类，给它穿上一件绿色迷彩服，许多动物，比如珊瑚，体内都住着藻类，通过光合作用生产食物。

这方面最有名的是东部翠绿海天牛（学名 *Elysia chlorotica*），这种海蛞蝓的消化器官里寄居着来自它吃下的滨海无隔藻（学名 *Vaucheria litorea*）的叶绿体。靠着这些小工厂制造糖分，它可以10个月不吃饭。更奇特的是，海蛞蝓的染色体里，存在许多海藻的基因，用来制造光合作用所需的物质。这些基因来自它们祖先吃进的海藻，经过多代演化，已经写进了海蛞蝓的遗传密码。这种奇妙动物的属性大概是水系加草系，或者虫系加草系。

烈火焚身的小火龙

在温度达到92℃的热泉里，依然可以找到细菌。一种古菌（非常原始的微生物，看上去很像细菌，但分类上关系甚远）可以忍受112℃的高温。这么说好像挺厉害，但也不足以让人吃惊得下巴掉下。相比其他极端环境而言，生物对“高温”的容忍能力，似乎有点……弱。动物之中耐力最强的，当属缓步动物门（Tardig rata）的水熊虫，它可以把自身脱水，变成小小一团。在这种状态下，水熊虫的强韧程度，足以让蟑螂汗颜。它可以容忍180℃的高温达两分钟，听起来很了不起，但是，要知道它在近似绝对零度的环境下，能待的时间也是两分钟。然而要想杀死这个无敌圣斗士,划一根火柴就可以了。

构成生物的关键物质，蛋白质和DNA对热的容忍度都很低，液态水也是生存的必需品（古菌能够在超过100℃的地方生存，是因为深海高压使水的沸点提高了）。所以现实世界没有像小火龙这样，屁股着火还安然无恙的蜥蜴。

在生物体内，可烧的东西并不难找，比如牛胃里的细菌和古菌都能产生甲烷。柳田理科雄在幽默科普读物《空想科学读本》里提出，怪兽只要在嘴里含着打火石，吐出可燃气体，用磨牙的方法打火，就可以实现喷火了。喷火龙说不定也是这个原理……但这样喷火还是相当有风险。2012年的搞笑诺贝尔奖,就是颁发给一项防止人类"喷火"的技术。治疗肠道问题，常用一些泻药——甘露醇和山梨醇——"打扫干净屋子"，这些东西被大肠杆菌分解后，会生成大量的甲烷和氢气。一些治疗工作（比如切除息肉）用到的器具，正好又会打火星……结果不是病人掌握了新招式，而是肠道爆炸。

玩火终将自焚。但除了人属动物以外，确实有一些生物会利用火焰——桉树。桉树不会喷火，但纵火的能力一等一，蓝桉（学名 *Eucalyptus globulus*）甚至得到了"汽油树"的绰号。在森林里，它们会脱落大量的树皮和树叶，铺在地上，这是野火的燃料。有些桉树的树皮还会剥落,一长条一长条地下垂，另一头还连在树上，像撕开的香蕉皮。这东西很容易把地上的小火引到树上，桉树叶子又含有许多易燃的油，于是小火变成可怕的烈火。

野火虽然凶残，但火灾烧过的土地是非常好的苗床。别的植物都被烧毁，让充足的阳光照在地面上，吃植物的虫子等也被烧死，草木灰又提供了肥料。桉树种子包在结实的木质外壳里，可以抵抗短时间的高温，经历火灾也不会烧熟，灾后正是播种的好时机。生物细胞在木头燃烧的高温下必死无疑，但植物可以允许（有时是很大的）一部分组织的死亡，正是靠着苦肉计，桉树实现了火 + 草双属性。

杰尼龟：如何成为一名喷子？

“喷水”比起“喷火”，真是人畜无害，但还有一个问题。我们看到的火焰，只是燃烧产生的发光的气体或等离子体，密度很小。而且一点物质提供化学能，就能产生壮观的火焰。水的密度很高，而且几乎无法压缩，所以要喷水，必须解决“水从哪儿来”的问题。

龟也像消防车一样有水箱吗？还真有！达尔文在加拉帕戈斯岛上，发现当地的巨龟膀胱里充满清澈、略带苦味的水（达尔文尝了）以备不时之需。一种生活在沙漠里的穴龟（学名 *Gopherus agassizii*），膀胱的容量甚至达到自重的 40%。说起来好像很大，但用来制造特效，这点水还是太少。水箭龟体重 85 千克，我们就算它像穴龟一样，能储存体重 40% 的水，那就是 34 千克，普通家用水龙头的最大流量约 1.3 立方米每小时，也就是说，按照水龙头的流量吐水，只能坚持不到两分钟。

或者我们换种策略，改向消防栓学习？连在水源上，自身不蓄水，只管开喷。这样的喷子，在自然界也不少。许多蛾和蝶都会在水坑边狂饮，不是口渴，而是为了获取食物里缺乏的钠，多余的水立刻排出体外。一种谷舟蛾属的蛾（学名 *Gluphisia septentrionis*）在痛饮时，每隔 3 秒钟，都会从肛门射出一股细细的水箭，远及 40 厘米外（超过蛾身长的 20 倍）。它可以这样饮水三个半小时，排水 38.4 毫升，超过蛾体重的

600 倍。哇！这个很给力！

但是杰尼龟是从嘴里喷水的啊！这个具体的原理就不知道了，我只提一句，“上下颠倒”的例子在龟鳖目里并不少见。许多龟都会用肛门辅助呼吸（依靠肠道内的微血管吸收氧），普通的甲鱼会用嘴排泄尿素。

杰尼龟：等老子进化成水箭龟赶紧改成炮管喷水，不然太尴尬了……

猴子王归来，我们来看看现实中的“大圣”吧！

《大圣归来》电影对《西游记》的全新解读，引起了全国范围的“猴子热”，颓废大叔版的孙悟空，被叽叽喳喳的童年版唐僧——江流儿缠得无可奈何。江流儿小朋友没来得及问完的“十万个为什么”，就让我替他来问（顺便回答）吧！

大圣大圣，你有尾巴吗？

身为猴子，一定要有尾巴！猿和猴的最明显区别，就在猿没有尾巴。最常见的一种猿，就是两足直立的裸猿，当然，也没有尾巴。不过，在自高自大的裸猿看来，他的猿类近亲和猴类远亲都差不多，反正都是毛茸茸，长胳膊，满脸褶子——《西游记》原作中提到有四种超脱神明与生物的妖猴：灵明石猴、赤尻马猴、通臂猿猴和六耳猕猴。通臂猿猴的原型是长臂猿。古人认为长臂猿的两条极长的胳膊，在腔子里是通的，一头“杵”进去，另一头就可以“戳”出来很长，嗯，有点像帽衫的带子。

西方人同样稀里糊涂。欧洲语言里的“猿”字，经常用来指欧洲的巴巴里猕猴，凡是看不见尾巴的毛茸茸人形动物，都被叫做“猿”，但实际上巴巴里猕猴是有尾巴的，只是比较短而已。

《龙珠》和《西游降魔篇》里的孙悟空，发飙的时候都会变身大猩猩。虽然可以说是最霸气的明星猿类，但是西方世界发现大猩猩是非常晚的。科学界第一次正式描述大猩猩是在1847年，所以它们跟大圣可以说是一点联系都没有的。更要命的是，赛亚人有尾巴！果然是外星动物……

灵长类大多有指甲而不是爪子，便于触摸树枝，还有掌纹和指纹加强抓握时的摩擦力。手的拇指和脚的拇趾，都与其余的指头分开对握，可以像钳子一样夹住东西，这些都是对树上生活产生的适应。后来裸猿回到地面，把对握的脚趾特征丢掉了。《大圣归来》里悟空的手指尖是圆钝的，而妖怪是尖尖的爪子，而且悟空的脚趾和其他趾掰得很开，是标准的猴脚，很良心。

大圣大圣，猴子只吃桃子吗?

说起大圣爱吃的东西，不是桃儿就是人参果，其实许多灵长类动物都能吃人所不吃的东西。狮尾狒狒90%以上的食物都是草，金丝猴吃大量的树叶、树芽和地衣。一些体型很小，具有古老特征的猴子，例如眼镜猴，喜欢吃昆虫。

为了消化粗纤维很多，营养匮乏的植物，猴的消化系统也与人不同。金丝猴的身材至多是人的1/4，胃的大小却是人的一倍半（容积3升），胃内生活着许多细菌，可以分解粗糙的树叶。即使是非常精瘦的猴子，也经常会有啤酒肚，因为它们的消化系统体积太大了。

大圣腰很细，是只长条的猴子。电影里面他吃鱼和桃子，这点其实更接近于人类。食用易于消化的食物，当然也就用不着很长的肠子和很大的胃了。

猴亚科的成年猴，很少拿食物给幼崽，小猴最多能从妈妈手里抢或者从地上捡到点什么，大型猿类中的黑猩猩和人类，经常和小孩分享食物。江流儿把桃子给傻丫头，大圣把大鱼烤了分给江流儿，看来猴子还是有人情味的嘛。

大圣大圣，你是花果山的猴大王吗？

提到猴群，就不得不提非洲的狮尾狒狒（学名 *Theropithecus gelada*）和埃及狒狒（学名 *Papio hamadryas*），这些长相狰狞的大型猴子，在一个地方可以聚集超过 500 只，除了人类，灵长类里再没有比它们更大的群体了。最小的狒狒群，包括一两只雄狒狒和他的妻妾、孩子，叫做“一夫多妻繁殖单元”（One-male Unit），几个单元组成一个大一些的群，叫做“Band”，几个 Band 组成壮观的巨群，叫做“Troop”。单身汉狒狒或者自己结群（叫做“全雄群”），或者在别人的群里游荡。

狮尾狒狒如果生了女儿，就留在母亲的单元里，儿子出去闯荡。埃及狒狒则是儿子留家，女儿外嫁到其他猴群里，这在哺乳动物里非常罕见。出嫁的办法也很奇特，8~11 岁的成年雄狒狒，会去别的狒狒群里抢掠年龄只有他一半的“少女”狒狒，如果她不服从，就咬她的脖子，如果她们听话，他就会像父亲一样照顾她们……啊这部分小孩子不应该听（捂住江流儿耳朵）。

在单元里，雄狒狒的地位最高，但是他管不了单元以外的事儿，不存在能统治几百只猴子的狒狒王。《西游记》里面的猴群，不仅有美猴王，还有内部结构，有二元帅、二将军，“三六九等”的划分。一群鱼或者一群牛羚，只要跟着同类走就可以，但像花果山这样，保持复杂的社交关系，分出“王”

和“臣民”，是非常耗费脑力的。

所以跟一只猴子保持亲密关系的猴朋猴友数量不会很多。黑猩猩的“伙伴”要多一些，人类更多，但我们仍没有摆脱灵长类的限制：一个人名义上可以在万人之上，但能够和他/她保持亲密关系的只有一百多人而已。

身骑飞龙耳生风
——真实世界的飞龙们，叫龙，而且会飞

飞蜥：飞龙缩微版

拉丁文的龙（Draco）这个字，很多人都是通过白脸小坏蛋德拉克·马尔福（Draco Malfoy）才认识的。在三次元世界，也有一群名叫龙的小怪物。飞蜥属（*Draco* spp.）的十几种蜥蜴，在瘦长的蜥蜴身体两侧，长着色彩鲜艳的肋膜，每个看到它的人都会尖叫：哇！太像龙了！

这些小怪物生活在亚洲东南部，在树上觅食昆虫。它们可称是迷你型的龙，一般只有五六克重，大飞蜥（学名 *Draco maximus*）是飞蜥里的巨人，体重 30 克。

这对色彩鲜丽的翅膀，里面有 5~7 对飞蜥的肋骨，外面蒙着皮膜。这些肋骨由髂肋肌（iliocostalis）、肋间肌（intercostal）和韧带牵动着，肌肉收缩，“翅膀”就像一把伞般张开。平时肌肉放松，肋骨叠起来贴在身上，一点也不妨碍行动。

尽管身材娇小，飞蜥“翅膀”上的压力并不小。一只飞蜥每平方厘米的翼面积要承载 0. 67 克的体重，而小型鸟类每平方厘米翅膀只要托起 0. 125 ~ 0. 25 克体重。与飞行家不同，飞蜥是滑翔师，小小的翅膀对滑翔已经够用了。

飞蜥的滑翔动作，可以分成三阶段：首先，从高处跳下，沿一个较陡峭的斜坡下落（30°~60°）。然后，积蓄了足够动能，就转为平缓的角度（无目标的时候大约30°，有目标几乎是平飞），在空气中滑行。最后，在接近目标时，向上一扑，定点着陆。

飞蜥“御风”技艺高超，从10米高处跳下，在平缓滑翔阶段，它可以前进60米而高度只下降两米。在空中，飞蜥用鞭子般的长尾平稳身体，变换姿势，能飞出“之”字和空中大翻滚。

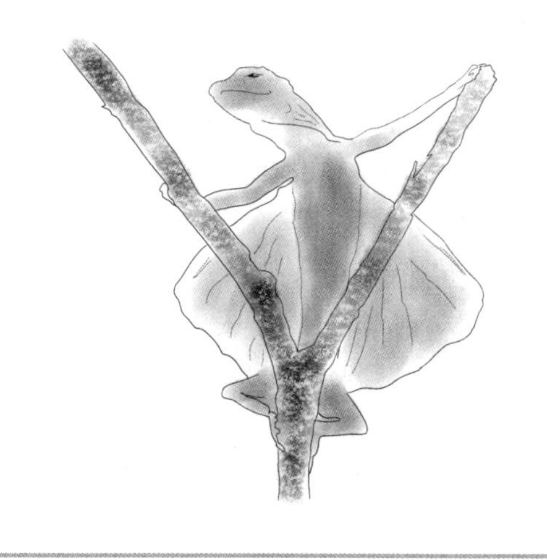

飞蜥

双冠蜥：水上飘，不是水上漂

蛇怪（basilisk）在西方奇幻小说和游戏中，是个非常常见非常俗套的角色。根据老普林尼（Pliny the Elder）的《自然史》，它生活在非洲，是百毒之王，头上有王冠样的白斑纹，行走时不是蜿蜒爬行而是竖起上半身。这个老毒物的原型可能是眼镜蛇。在后来的传说里，又加上了蛇怪是由公鸡下的蛋孵出的，能用目光把人变成石头等因素。

鸟一样脚趾细长的大脚，蛇一样的长尾巴，雄性还有两个又高又薄的头冠，愚蠢的人类在南美洲发现脊鳍蜥（这个名字跟汉语拼音真的没关系）属（*Basilicus* spp.），张冠李戴地给它安上蛇怪的名字，并不奇怪。虽然长相非主流，真实世界的蛇怪没有毒，它们的技能要怪异得多：水上飞。

蛇怪蜥蜴掉在水面上之后（它还可以从水下鱼跃而出），用两条腿站立，以每秒 10~20 步的频率迈步，先轻轻划一下水，脚平行于水面，然后用力垂直向下踩，水面陷下去，在它脚下形成一个装着空气的空洞（aircavity）。蜥蜴靠着水面的反作用力，把自己托在空中。在空洞被水补满之前，它又赶紧把脚提起来，以免被水“拉住”。蛇怪蜥蜴靠这一招来躲避食肉动物，水上速度可达每秒 1.5 米。

如果人类模仿蜥蜴的方式踩水，需要每秒 30 米的速度才能停留在水上。不过，水上飘这一招实在太炫酷，愚蠢的人类不会轻言放弃。不仅仿生蛇怪蜥蜴，造出了水上跑的两足机器人，还证明了我们如果在月球上，还是可以表演这一招的，不过，那就是另一个故事了。

寐龙：龙眠，勿扰！

57 厘米对于大约 1.28 亿年前埋藏在中国辽宁北票市的一只恐龙来说，是个有点弱鸡的身长。未成熟的骨骼显示它还是个尚未成年的童子小鸡。这只恐龙的相貌也是楚楚可怜：小尖嘴，大眼睛，非常瘦，有锁骨。

恐龙化石的姿态往往僵硬扭曲，显示着生前的痛苦，这个小家伙与众不同。它蜷成一团，身子坐在弯曲的后腿上，前腿在身子两边屈曲着，略往外撇，头颈弯向左侧，脑袋放在左肘弯里。这是一个熟睡的姿态，因此它的中文名为寐龙，学名 Meilong——是的，就是“寐龙”两个字的汉语拼音。

（实际上，恐龙名字的翻译方法，应该是拉丁文学名的中文翻译，后面加一个龙字，例如“*tyrannosaurus*”意为“残暴的爬行动物”，“rex”意为“王”，连起来 *Tyrannosaurus rex* 就是霸王龙。所以应该叫龙寐龙或寐龙龙……作为恐龙不要太萌？）

这条睡龙的姿势，是典型的鸟类睡姿，鸟的脖子又长又软，可以塞到翅膀下，摆成窝脖（tuck-in）的样子。因为脑袋是散热很厉害的部位，这样能够保暖，不过，不得不说，这样也有点像烧鸡。

寐龙身上还有另外一处鸟的特征，它的锁骨不是像人那样分开的两条，而是两块连在一起像一个两齿叉，称为叉骨。这是鸟类飞行的关键器官，在许多小型食肉恐龙身上，都可以找到叉骨。在辽宁省还挖出了许多其他种类的一副鸟样恐龙化石，有的保留有羽毛，有的像飞蜥一样能滑翔，甚至可能会飞。正因为这些特点，中国发现的恐龙化石震撼了古生物学界——它们是恐龙身为鸟类的祖先的直接证据。

潜寐黄泉下的睡龙不能醒来，它的亲族们却在今天的阳光下飞舞着。

《神奇动物在哪里》中的萌兽与猛兽

电影《神奇动物在哪里》源自 J. K. 罗琳（J. K. Rowling）的同名书籍，讲述《哈利·波特》世界里的魔法动物。编剧臆想出的动物所具备的特性不外乎“猛”或“萌”，前者以主宰一切的力量与威势，使人心生敬畏（根据进化心理学，这是人类身为灵长目动物对地位较高的个体表示服从的一种情绪），后者唤起我们对婴儿的怜爱之心，想把它捧到掌心呵护。神奇生物之所以引人入胜，也许正是因为它们触及我们大脑中残存的“动物性”，直接撩到了人性里最原始的部分。

萌兽：寻金高手与人类伙伴

外形介于鸭嘴兽和鼹鼠之间的嗅嗅（Niffer）善于寻找黄金，让人心向往之，却为主人公带来了无数麻烦。似乎说明越大的诱惑越危险，即使“麻瓜”也能依赖动物寻宝。块菌属的松露具有独特而浓郁的气味，即使隔着土层，仍然能吸引鹿、兔之类动物，把它掘出来吃掉。松露借此传播孢子。所以，寻找这些珍贵蘑菇的传统方法就是让猪用鼻子把它拱出来。问题是，猪和人一样喜欢松露，带着它找松露随时都有几千美元被一口吞掉的风险。所以也有人训练嗅觉同样灵敏、更加听话的狗找松露。不过，狗缺乏猪和松露天生的亲密性。

对母猪来说，松露的味道魅力无穷，因为它含有类似公猪外激素的成分。

长相如细枝的护树罗锅，在电影里非常可爱黏人，还在关键时刻拯救了主角。但原作里这种动物钟情的是树木，如果巫师想伤害它居住的树，它会用尖锐的指头直捣人眼。金合欢属（*Acacia* spp.）的一些树，确实养着保镖——一群伪切叶蚁属（*Pseudomymex* spp.）的蚂蚁。

这些凶猛的蚂蚁经常在树上巡逻，咬死吃树叶和汁液的昆虫，金合欢周围 40 厘米内，别的植物一发芽，就会被它们“除草”——咬掉。伪切叶蚁的毒针也很厉害，碰一下金合欢，蚂蚁士兵就会蜂拥而出开始蜇人，感觉就如同掉进了一丛荨麻。金合欢为它的保护者提供了丰厚的奖赏，有吃也有住。在它细小的树叶顶端，会长出富有营养的小颗粒，叶子基部还会渗出类似花蜜的含糖液体。金合欢的刺中心是海绵状的，蚂蚁在上面咬个洞，就能得到一幢现成的房子。

豢养蚂蚁“亲兵”的植物，已知有几百种，分属于不同的科目，它们的蚂蚁守护者也种类各异，说明这种植物与昆虫的亲密联盟在进化史上曾出现过许多次。

另一种蚂蚁不仅是树的守护神，也是人类的盟友。跟素食的伪切叶蚁不同，黄猄蚁（学名 *Oecophylla smaragdina*）是食肉的猎手。黄猄蚁的巢挂在树上，是用活树叶和蚂蚁幼虫吐的丝做成的，蚂蚁们在树上猎杀各种昆虫作为食物。早在公元 304 年成书的《南方草木状》里就有记载，当时市场上出售蚂蚁窝，把它挂在柑橘树上，蚂蚁就会消灭柑橘害虫。这是最早的“生物防治”的例子，现在的柑橘园，仍然能见到与人类“结盟”的黄猄蚁。到冬天,果农会给它们搭小棚子御寒，还有鸡蛋和蜜糖水为蚂蚁补充营养。

猛兽：鸟形蛇与蛇形鸟

电影中最威猛壮丽的怪兽，无疑是会根据环境变大变小的鸟蛇（Occamy）和呼风唤雨的“雷鸟”。这两只动物的共同点是：又像鸟类，又像爬行动物。

鸟蛇拥有鸟的翅膀和羽毛，全身如孔雀般绚丽，巢是用树枝盘绕而成，像鸟巢。“雷鸟”的电影形象和原型（印第安传说里的神物）都显然是鸟类，它身后长长的、拖行的尾巴，也让人想起鸟类的羽饰，如极乐鸟的尾羽，或旗翼夜鹰（学名 *Macrodipteryx longipennis*）特长的翅翎。但它的三对翅膀都可以拍动，后两对翅膀是连在尾巴上的，如果这条尾巴只是一束羽毛,翅膀内的骨骼和肌肉将无处依附。这是一条有骨有肉，属于爬行类的尾巴。此外，它的竖直瞳孔也很像蜥蜴。

极乐鸟

在各族的神话传说中，爬行类（尤其是蛇）和鸟的联系常常出现。这两者仿佛地与天、水与火一样，具有对应的天性。

一个阴冷、沉默、低调，蜿蜒在暗处，随时准备着咬人一口，看似笨拙却有致命的危险；一个吵闹、开朗、喜爱白天，拥有美丽蓬松的羽毛和高体温，仿佛太阳、火焰的化身。两者的性质截然不同，然而很多古代文化都构想出了半爬行半鸟类的奇异形象。

阿兹特克、玛雅文明信奉的羽蛇神是一个善良、睿智的神，创造人类并教会了人类知识和美德。阿兹特克人称羽蛇神为 Quetzalcoatl，“Quetzal”的含义为凤尾绿咬鹃（学名 *Pharomachrus mocinno*），这是一种非常美丽的鸟，受到中南美原住民的喜爱和崇敬，他们用它的羽毛做成了贵族和巫师的头饰。

在《哈利·波特》第二部里出现的蛇怪（basilisk），也是有鸟和爬行类双重特征的生物。早期的蛇怪形象，出现在老普林尼的《自然史》里，是蛇中最毒者。后来在欧洲改编成鸡蛇怪（cockatrice），传说它生自公鸡蛋，是由癞蛤蟆孵化的，外形又像毒蛇又像公鸡，目光可以把生命体变为石头。

鸟蛇的外形有几分像羽蛇神，但根据原著，鸟蛇是来自印度和远东的动物。看来罗琳另有想法。也许我们应该在现实动物中寻找会飞、会变形的蛇：天堂金花蛇（学名 *Chrysopelea paradisi*），可以张开肋骨，把自己变成扁扁的形状，获得更多升力。从树上跳下，它可以滑翔 100 米。更让人兴奋的是，“飞蛇”生活在东南亚，在印度也有分布。

半爬行类半鸟类的动物，不仅吸引巫师，也让“麻瓜”入迷。“恐龙”这个词，像“巫师”一样足以吸引全世界的孩子和童心未泯的大人。恐龙既然属爬行类，早期的古生物学家（还有恐龙迷）想当然地认为，它们是冷血、带鳞、笨拙的动物，四肢弯曲，腹部着地，如同丑陋的大鳄鱼和巨蟒。

但随着古生物学的进步，恐龙的形象从“蛇”逐渐向“鸟”

靠拢，恐龙是温血的，能直立行走，身手敏捷，外表比鳄鱼华丽。从 1996 年发现中华龙鸟开始，中国已出土了几十种带羽毛印痕的恐龙化石。小盗龙亚科（Microraptorinae）的一些恐龙，身材瘦小，四条腿上都长着又长又硬的羽翎，好像四只翅膀，长长的尾巴上也披着羽毛。再没观察力的人都能看出它们和电影中“雷鸟”的相似之处。

2011 年，古生物学者徐星和郑晓庭发表在《自然》杂志上的一篇文章对“麻瓜”学术界造成的震惊，大概不亚于“雷鸟”的霹雳。他们参考比较了多种带羽毛的恐龙，和一种大名鼎鼎的“具有爬行类特征的鸟”——始祖鸟，画出了鸟类和恐龙的进化树。始祖鸟兼具丰满的羽翼，和有骨有肉的“蜥蜴”长尾巴，一直被尊为“最古老的鸟”。徐星等人认为，始祖鸟比起鸟类，更接近于恐龙，这个发现与进化论并不相悖：一些新发现的小型恐龙，和鸟的亲缘关系，甚至近于始祖鸟。

“恐龙是鸟类祖先”的观点，已得到古生物学界普遍的认同。爬行类和鸟类看似迥然不同，“麻瓜”们却发现，两者有着实实在在的联系。甚至有一些动物，扑朔迷离，你分不清它是鸟类还是爬行类，这是连巫师都始料未及的。

恐龙、哆啦 A 梦、时光机

《大雄的恐龙》是藤子 · F. 不二雄的第一部长篇哆啦 A 梦故事，创作于 1979 年和 1980 年之间，1980 年被制作成电影，后来在 2006 年，又重制了电影《大雄的恐龙 2006》。《哆啦 A 梦》(《机器猫》) 这部作品拥有经久不衰的魅力，一个原因是我们能从中看到时间的变迁。时光机器接通了未来世界和史前洪荒。

恐龙是史前时代的象征，这些巨大生物的真身早已化为顽石，但人们心目中的恐龙形象，却随着科学的发展不断进行着改变与重建。相隔多年，大雄、胖虎、小夫仍然小学未毕业，恐龙的形象却大不相同了。于是，恐龙有了两副面貌，一副是早已尘封的“过去”，另一副是生生不息，变革不止，而且活力越发旺盛的“现在”。蓝色胖猫乘坐时光机，把这两者联合在一起。

重造恐龙：梦开始的地方

《大雄的恐龙》的故事，是从一块霸王龙爪化石引发的。现实中的故事，也要从恐龙的爪子开始，1866 年，年轻有为的古生物学家爱德华 · 德林克 · 克普（Edward Drinker Cope），在美国发掘出一头恐龙的化石，爪子长达 20 多厘米，而且尖利弯曲，宛若猛禽。克普一下子被震慑住了，他认识到这是一头强悍的食肉动物。

他给这个巨怪取了一个响亮的名字：鹰爪暴风龙（学名 *Laelaps aquilunguis*）。后来，因为 Laelaps 这个名字已经有其他的动物使用了，改名为鹰爪伤龙（学名 *Dryptosaurus aquilunguis*）。在报告里，克普激情澎湃地描写道，这头长达 6 米的怪物，曾在白垩纪的土地上飞奔，跳跃 9 米之遥，利用利爪和巨大的体重，向猎物发起致命的一击。

克普属于被恐龙的魅力所“俘获”的第一批人。这些元老级的恐龙迷，和今天的人一样，善于把幻想变成实体。英国的西德纳姆市伫立着世界上第一批古生物模型，有恐龙还有其他的灭绝爬行类。这些巨大的生物，是约瑟夫·帕克斯顿水晶宫（Joseph Paxton's Crystal Palace）的展品。由美术家本杰明·瓦特豪斯·霍金斯（Benjamin Waterhouse Hawkins）在当时的权威古生物学家理查德·欧文（Richard Owen）指导下制造。水晶宫是一座用玻璃和铸铁骨架建成的建筑，非常壮观，在当时是英国展现国力的伟大象征。1936 年，水晶宫毁于火灾，恐龙模型却留到了今天。

在今天看来，水晶宫的恐龙们形象颇有点滑稽。身形臃肿，四肢粗短，没有脖子，满身凸凹的鳞皮，仿佛蜥蜴和河马杂交的后代。在当时，这些生物巨大的体型和奇异的外貌，却把上至皇亲国戚（制造这些模型的注意，最早是由阿尔伯特亲王提出的），下至老百姓的观众迷得神魂颠倒。

伟大的蜥脚类

哆啦 A 梦的电影里，出现了一群硕大无朋的恐龙，它们与剧情主线关系不大，却很好地营造出恐龙世界的壮伟气氛。

一般人想到恐龙，头脑里出现的，除了（一定会有的）霸王龙，多半是这些形象：长尾巴，长脖子，短粗的腿，小小的头。虽然巨大，却是素食者。这类恐龙称作蜥脚类（Sauropoda），是地球上存在过最巨大的陆生动物。硕大的“皮之助”跟它们相比，就成了矮子（顺带一提，虽然电影叫做《大雄的恐龙》，但主角“皮之助”是一只双叶铃木龙（学名 *Futabasaurus Sazukii*），属于蛇颈龙类，它与恐龙的关系比恐龙与家鸡的关系更远）。

这些温和巨人的发现故事，要从另一位古生物学家讲起。1877 年，奥塞内尔·查利斯·马什（Othniel Charles Marsh）正在研究从美国怀俄明州发掘出来的化石。虽然都是当时最有名望的古生物学家，他与克普的性格差异宛若小夫和胖虎，克普冲动、大胆、爱冒险，马什比较低调，富有心机，宁可坐在实验室里动脑筋。两个人都非常自大，为了名声和宝贵的化石，经常发生争执。古生物学家争吵的办法，就是比赛谁能发现更大、更厉害的恐龙。

这具化石非常庞大，长达 20 多米，兴高采烈的马什给它起了一个响亮的属名——雷龙属（*Brontosaurus*），表示它的脚步声像雷霆一般，足以震动大地。它的种名是秀丽雷龙（*Brontosaurus excelsus*），不得不说，这个名字有点张飞绣花的感觉。美中不足，这具化石没有脑袋。马什急着要狠狠“将”克普一“军”，当然不能容许这种缺陷，他参考另一个巨大的蜥脚类恐龙属——圆顶龙属（*Camarasaurus*）的头骨，给雷龙的骨骼图画上了脑袋。后来拼装展出的雷龙骨架，也是顶着一个酷似圆顶龙的脑袋。

顺带一提，雷龙这个威武的名字，颇有点争议。雷龙属的化石，跟先前发现的另一个属——迷惑龙（*Apatosaurus*），并没有多少区别，所以很多科学家认为，雷龙这个属应该取消，归入迷惑龙属。2015 年的研究又有新动向，雷龙和迷惑龙的差别足够大，可以支持雷龙独列一属。这又一次证明，恐龙的研究日新月异，一不小心就会落后于时代。

另一种有名的蜥脚类，是在 1900 年发现的卡内基梁龙（学名 *Diplodocus carnegiei*）。它的体长达到了惊人的 27 米，身材瘦长，尾巴极长，单单是尾椎骨就超过 70 块。以美国钢铁业的巨头安德鲁·卡内基（Andrew Carnegie）命名，这位富豪对古生物学的资助非常大方，投资建造了卡内基自然历史博物馆（Carnegie Museum of Natural History）。"土豪"与恐龙之间，似乎总是有联系。中国的山东天宇博物馆馆长郑晓廷，原先是一座金矿的矿长，坐拥财产几亿，他斥巨资建造了天宇博物馆，还亲自参与研究，并在顶级期刊上发表过关于鸟类进化的论文。

梁龙出世在世界范围内引起了轰动。卡内基复制了好几具梁龙化石的模型，赠送给英、法、德等国，更使它声名远扬。蜥脚类恐龙一下子成了超级明星。毕竟，没有什么东西能比这些洪荒巨怪更让我们感觉敬畏和震撼。说到对巨大东西的迷恋，有一种"恐龙"是不得不提的。克普在 1878 年宣称，自己发现了一种蜥脚类恐龙，他只找到一块不完整的脊椎骨，但这块骨头若是完整的，长度会达到 1.8 米，这种恐龙的体型已超出了"庞然大物"，进入"排山倒海"的境界。它就是易碎双腔龙（学名 *Amphicoelias fragillimus*）。

参考梁龙的体格，我们可以猜测，如果这只恐龙真的存在，它的体长会达到 58 米，超过梁龙的两倍！但是，后人整理了克普的化石收藏，并没有发现这块传奇巨骨，在克普宣称发现易碎双腔龙的地方，也没有再找到易碎双腔龙的化石。在电影里，大雄"自我批评"说自己生气的时候就喜欢吹牛。古生物学界的大咖和小学生之间，到底有什么关系呢？笔者不想点明。

回到雷龙的故事。马什去世后，对雷龙的研究还在继续，人们陆续发现了一些蜥脚类恐龙的头骨，逐渐意识到马什“张冠李戴”，给雷龙安错了头。圆顶龙的头骨形状短、圆，雷龙的头骨更扁、更长，有一张又扁又宽的嘴。1915 年，卡内基自然史博物馆的馆长威廉·霍兰（William Holland）提议给馆内的雷龙换个脑袋。当时纽约自然历史博物馆的主任亨利·费尔德·奥斯本（Henry Fairfield Osborn）也是研究雷龙的古生物学家，他觉得这对他的学术声誉有损，坚决反对。奥斯本和霍兰相互较劲，霍兰一气之下，索性把雷龙标本上的脑袋拿掉。于是，一具脖子光秃秃的恐龙骨架矗立在博物馆里。直到霍兰去世，（圆顶龙的）脑袋才安了回去。

1979 年，科学家约翰·麦金托什（John McIntosh）研究了大量古生物方面的资料记录，终于做出了历史性的决定，把雷龙的圆顶龙脑袋拿下来，更换成雷龙的。这只可怜的巨怪与它的脑袋分离了近 100 年。

从曳尾泥涂中到顶天立地

在《哆啦 A 梦》原作漫画里，蜥脚类恐龙登场的方式，是从火山湖里出现的，像巨岛一样浮出水面。电影里，它们却摇晃着长脖子，在旱地上行走，慢悠悠地接近湖边饮水。这个改动，其实反映了古生物学界的一个重大问题。很长一段时间里，我们并不知道，这些令人神魂颠倒的巨龙是怎样生活的。

回到克普和马什为恐龙争吵的时代。蜥脚类恐龙这么大，把它们安排在水里，让浮力抵消巨大的体重，不是很好吗？克普和马什做出了同样的决定：这些长脖子的巨龙，应该是像河马一样的水栖动物，以水草为食。脖子竖起来，可以当潜望镜和通气管。

美国人奥利弗·黑尔（Oliver Hay）和德国人古斯塔夫·托尼尔（Gustav Tornier）认为，蜥脚类恐龙既然是爬行动物，就应该像蜥蜴和鳄鱼一样“爬行”。在他们绘制的图画上，恐龙是鳄鱼般的姿态，四条腿向外“撇”，腹部贴地，在沼泽地的烂泥上缓慢滑行。这种想法没有流行多久就受到了美国古生物学家的激烈反对。卡内基博物馆的馆长霍兰详细研究过梁龙的化石，他有充分的证据可以确定恐龙是像走兽一样站立的，四条笔直的腿把身体支离地面，这是恐龙与现代爬行动物最明显的区别。“趴着的恐龙”被嘲讽为“滑稽漫画”，如果摆成鳄鱼的姿势，可怜的雷龙根本动弹不得。

生理学的研究结果被引进古生物学之后，人们发现克普和马什对蜥脚类恐龙的猜想有个严重的问题。水越深，压强越大。如果恐龙在深水里潜行，七八米长的脖子直直朝上伸，够到水面，七八米的水深差距所产生的水压，足以把恐龙的肺挤扁，让这可怜的动物瞬间丧命。这让人想到《海贼王》里的一幕，“橡胶人”路飞落入深水，双脚卡在水泥中，伙伴无法救他出来，就把他的脖子抻长，拉出水面呼吸。即使橡胶人不会被压死，路飞也无法用这种办法呼吸，水压会把他肺里的空气都挤出来，像捏橡皮鸭子似的。

虽然“潜水艇”和“趴着的恐龙”都被否决了，但早期图画中的恐龙形象还是不可避免地受到了这两者的影响。蜥脚类恐龙四肢微曲（虽然没有趴在地上），身躯笨重，柔软的尾巴拖在泥地里，周围不是水塘就是沼泽，宛若河马和水蛇的结合体，这也很接近《哆啦A梦》漫画里的恐龙形象。

美国古生物学家罗伯特·巴克（Robert Bakker），是个非常大胆，也非常聪明的人。1971年，他发表了一篇论文，把潜水艇般的恐龙彻底“推翻”。他用现代的大型动物——大象与河马，跟蜥脚类恐龙进行了比较。河马大多数时间泡在水里，四肢关节软弱（当然，是跟大象相比），因为它不需要长时间支持体重。蜥脚类恐龙的腿不像河马腿，更加粗壮有力，如同大象的腿。所以它应该在陆上生存。2006年的电影里，蜥脚类被放在了坚固的地面上，稳稳地站立着。

另一个表明“恐龙在陆地上”的证据，来自骨骼化石上的印痕，科学家通过这些痕迹推断，蜥脚类的脊椎上有很多气囊，这些庞然大物（至少有一部分）是“空心”的，并没有看上去那么沉重。换句话说，恐龙并没有胖到在地面上动弹不得的程度（好像不是对它的夸奖）。顺便提一下大家都感兴趣的问题：恐龙和鲸谁比较大？最大的蜥脚类比鲸长，但最大的鲸更重。蓝鲸体重能达到170吨，是地球上有过的最胖的动物。这个超级胖子必须生活在水里，用浮力抵消体重。

食肉猛龙与太阳烧烤

与温和的巨人同台出场的，还有凶恶的巨人。霸王龙在哆啦A梦的电影里是一个关键角色。所有食肉恐龙，包括霸王龙、伤龙，还有一些体型更小，却同样有名的食肉恐龙，都属于兽脚类（Theropoda）。从《失落的世界》到《侏罗纪公园》，这些食肉猛龙都是超级明星。

在1980年的漫画里，霸王龙的身体笔直矗立，像一座塔楼，尾巴拄在地上，协助两只脚支持体重。新电影里的霸王龙，却是尾巴高举，水平伸向身后，身体也是平平地朝前伸。如果前者是岿然不动的巨塔，后者就是随时准备冲击的战车。

两种姿势的霸王龙

实际上，尾巴戳地的霸王龙和“潜水艇”雷龙一样都是人们不合理的想象。霸王龙要是直立着用尾巴支持身体，巨大的体重直接压下去，尾骨根本吃不消。另外，至今发现的恐龙足迹化石，无论是蜥脚类恐龙，还是巨大的食肉恐龙，都没有找到尾巴拖地的痕迹。在美国自然史博物馆（American Museum of Natural History）有一具著名的霸王龙骨架标本。1995 年，他们把矗立如塔的霸王龙化石重装了一遍，变成“平平地朝前伸”的样子。馆内的古生物学家风趣地说：“原来它看上去像怪兽哥斯拉，现在它更像一只鸟。”

这种“哥斯拉”式的形象，可以追溯到很早以前。1858 年，美国科学院的院长约瑟夫 · 雷迪（Joseph Leidy）研究鸭嘴龙属（*Hadrosaurus*）的时候，发现它的前腿短，后腿却很长，他得出结论，鸭嘴龙应该是用后腿站立的动物。他参考了现存的两腿直立动物——袋鼠。袋鼠可以直立，尾巴垂在地上，还可以帮助支持体重。雷迪心目中的恐龙也是这样的形象。鸭嘴龙是食素的恐龙，在亲属关系上和霸王龙相差甚远，但它们都有“大长腿”和“小短手”，霸王龙也顺理成章地成了凶残的“袋鼠”。

哥斯拉，以及影视作品中各种“小怪兽”的形象，是对（错误的）直立恐龙的模仿，它们尾巴拄地，不动如山的样子不同于任何真实的动物。这些怪兽中最有趣的，莫过于《精灵宝可梦》（又名宠物小精灵）之中的“袋兽”。袋兽是草食动物，有肚袋用来装孩子，还有尖尖的耳朵，但它的皮肤覆盖着厚甲，爪子粗大，尾巴比袋鼠强壮许多，显然是哥斯拉的样子。恐龙“模仿”袋鼠，而怪兽又“模仿”恐龙，到了酷似袋鼠的袋兽这里，绕了一圈，又回到了袋鼠这个原点。

1964年，美国古生物学家约翰·奥斯特罗姆（John Ostrom）发现了平衡恐爪龙（学名 *Deinonychus antirrhopus*）。恐爪龙身长约3米，这在恐龙里并不出奇，但它改写了人们心目中恐龙的形象。恐爪龙的尾巴被骨突和骨化的肌腱连接起来，笔直僵硬。坐在一根棍子上显然是不可能的。这条尾巴不适合支持体重，如果把它当成杂技演员的平衡棒，要合适得多。恐爪龙的两只后脚上，各长着一个硕大的钩爪，它要使用这件武器刺杀猎物，必须抬起一只脚，保持平衡的尾巴，可以派上大用场。

和100多年前的克普一样，奥斯特罗姆对凶猛的食肉恐龙入迷了。恐爪龙身手敏捷，堪称恐龙中的刺客。但是，飞快的移动是需要本钱的。现代的爬行动物都是冷血动物，跟温血动物相比，冷血动物的新陈代谢非常缓慢，消耗能量慢（一只蜥蜴需要的食物，不到同体重兽类的 1/10），肌肉动作也慢。“马力”不足，不可能像恐爪龙一样上蹿下跳。前面说过，蜥脚类是四腿笔直、行走在陆地上的，虽然这些庞然大物行动缓慢，但要支持它们的体重也需要巨大的能量。冷血动物的力量是远远不够的。

冷血动物都喜欢晒太阳，身体暖和了，体内的生化反应加速，代谢加快，力量也会增大。恐龙是不是用太阳能给自己“加油”的呢？1946 年，美国自然历史博物馆，古生物学家埃德文·科尔伯特（Edwin Colbert）和他的同事，决定做一个“模拟实地的”实验。他们选择炎热的佛罗里达州作为实验地点，没有“真正的”恐龙，就拿体重 1~22 千克的短吻鳄来代替。让它们晒太阳，然后再测量短吻鳄的体温。科尔伯特甚至考虑到，有些恐龙是用两脚站立的，于是，倒霉的鳄鱼被木架子支撑起来，摆出直立的姿势。

最小的鳄鱼，体温升高的速度，是比较大（14 千克）鳄鱼的 5 倍。由此可以推断，比实验鳄鱼重 700 倍的恐龙，体温上升 1 华氏度，要晒 86 小时的太阳！实验中发生了一件不幸的意外：两条短吻鳄死于皮肤晒伤。野生短吻鳄感觉表皮太热的时候，可以跳进水里降温，实验的鳄鱼被拴起来了，无处可逃。恐龙要靠着晒太阳升温，身体深处还没有晒热，皮肤恐怕已经焦脆了。奥斯特罗姆，连同他的得意学生，就是那位研究大象和恐龙脚的巴克，抛出了一个精彩的结论。恐龙应该是温血动物！

除了灵活的恐爪龙和倒霉的鳄鱼以外，他们还列举了许多证据。比如，巴克提到，食肉恐龙的化石很少。在大批化石埋藏的地方，食肉恐龙的数量，大概相当于素食恐龙的 3%~5%。这个巨大的数量差，更接近今天的凶禽猛兽（温血），而不是爬行动物（冷血）。要许多食草恐龙，才能“养活”一只食肉恐龙，说明食肉恐龙很能吃。只有新陈代谢迅速的温血动物，才会需要这么多的食物。

“温”和“冷”一字之差，蕴含着古生物学界的巨大改变。恐龙不是笨重、迟缓的大蜥蜴，而是充满力量，身手矫健的热血动物，原先它们身陷泥潭，现在它们的足迹踏遍整块大陆。巴克不无骄傲地，把自己的文章命名为《恐龙文艺复兴》。经历一场变革之后，恐龙像文艺复兴一样，变得更活泼，更生动，也更丰富多彩了。

从潜龙在渊到飞龙在天

始祖鸟（学名 *Archaeopteryx lithographica*）从出土的那一天就面对着无穷无尽的争议。因为它是进化论最好的证据：始祖鸟生活在约 1.5 亿年前，它的前肢变成翅膀，身上长满羽毛，嘴里有牙齿。它身体的各部分特征，都在说明它是一个爬行动物“变成”鸟的中间阶段。

第一具始祖鸟化石在德国巴伐利亚州出土的时候，正值达尔文的《物种起源》出版，有关进化论的争论正进行得热火朝天。始祖鸟送来“助攻”，达尔文当然很高兴。不过，欧文——就是指导豪金斯在西德纳姆市，制造恐龙模型的那个欧文——把这具化石视为眼中钉。欧文对古生物的研究贡献甚大，但他也是进化论的主要反对者，为了不让始祖鸟落到“敌人”手里，他斥巨资把化石买来，收藏在大英自然史博物馆。也就是今天的伦敦自然史博物馆（The Natural History Museum）。欧文一心只想驳倒达尔文，到了枉顾事实的程度，他对始祖鸟的研究错漏百出，大失“古生物权威”的身份。

关于始祖鸟的争论，一直延续到 100 多年后。1985 年，天文学家弗雷德·霍伊尔（Fred Hoyle）在《英国摄影杂志》上发表文章，说伦敦自然史博物馆的始祖鸟是伪造，羽毛是印上去的，目的是给进化论提供"证据"。科学家们哭笑不得，但还是检查了始祖鸟的化石。化石当然是货真价实的，这场闹剧最大的成果就是把博物馆的专家们累得够呛。他们花了好几天，来回复全世界好奇的记者打来的电话。

2011年，发表在顶级科学期刊《自然》上的一篇论文，又一次挑战了始祖鸟的地位。这一次发动攻击的是中国人。古脊椎动物与古人类研究所的研究员徐星，与他的工作团队比较了89个物种（有恐龙，也有鸟类）的374个特征，包括用"土豪"古生物学家郑晓廷命名的郑氏晓廷龙（学名 *Xiaotingia zhengi*），得出一个惊人的结论：一些小型的兽脚类恐龙，要比始祖鸟更接近鸟，始祖鸟应该划分为恐龙！不过，徐星把始祖鸟推下神坛，并不是为了反对达尔文。始祖鸟地位的变更，正说明进化论找到了更多的证据。

华丽暴龙的霓裳羽衣

《哆啦A梦》电影里，出现了一群瘦小的兽脚类恐龙，哆啦A梦一行人骑它们代步。这些龙套角色只是一闪而过，但它们有一个引人注目的特征：羽毛。在漫画里，这些恐龙是光秃秃的。长毛的恐龙形象代表着古生物学界的另一场变革。

证明恐龙是温血动物的奥斯特罗姆和巴克，也同样热衷于了解恐龙和鸟类的关系。他比较了小型食肉恐龙和鸟类，证明它们的骨架十分相似。实际上，你也可以说始祖鸟"酷似"恐龙，1951年发现的一件始祖鸟化石，20多年间竟一直被当成小型恐龙的化石。既然恐龙是温血的，那么它们就可能有毛发，用来保持体温。奥斯特罗姆认为，这些毛发后来进化成了飞行用的羽毛。巴克更加勇敢，他说，恐龙应该从爬行类中分出来，和鸟归为一类。恐龙并没有灭绝，它就生活在你家的院子里。

《哆啦 A 梦》的主要作者藤本弘逝世于 1996 年。同年，一件奇特的化石，出土在辽宁北票市的四合屯，这又一次改写了恐龙的形象。这位喜爱恐龙的伟大漫画家，无缘目睹随后井喷式的恐龙新发现，不能不说是一件憾事。

这件化石出土的地层，被称为热河生物群，包括中国、蒙古和西伯利亚的部分地区，距今 1 亿多年。在辽宁，热河生物群的化石不仅数目多，还保存得非常好。这要归功于频繁的火山喷发，火山灰葬送了各种动物，也把它们的遗骸保存下来，以另一种方式赋予它们不朽。举个例子。迄今为止发现的始祖鸟，一共有 12 副骨骼和一个羽毛化石，在四合屯一个不到 100 平方米的化石坑里，就发现了 27 只鸟化石！这些鸟被归为孔子鸟属（*Confuciusornis*），它们是相当原始的鸟类，但嘴里没有牙，比始祖鸟更“像”鸟类而非恐龙。想要了解鸟类的起源，这是一个再合适不过的地方。

继续讲恐龙的故事。1996 年，中国地质博物馆馆长季强，得到四合屯当地农民李荫方送来的一件化石，那是一只很小的兽脚类恐龙，躺在一块 70 厘米长的石板上，它的脖子和背部，可以看到一列黑黑的印迹，好像许多细丝排列在一起。一只毛茸茸的恐龙！喜出望外的季强，给这件化石命名为原始中华龙鸟（学名 *Sinosauropteryx prima*）。这个名字足以说明这件化石的意义。它是在中国发现的，兼具鸟类和恐龙的特征。鸟类的起源问题将在它身上得到解答。

原始中华龙鸟只是个开始。带羽毛的恐龙不断出土，令人应接不暇，它们中有一些是奇特的足以成为新一代的恐龙明星。顾氏小盗龙（*Microraptor gui*）大小如鸽子，前腿和后腿上都长着羽毛。那不是细细的茸毛，而是中间有羽毛秆的，笔挺的翎毛，仿佛长了四片翅膀。这些翎毛是不对称的，也就是说，羽毛秆上的羽片一边小一边大。现代鸟类的翎毛也是这样，不对称的构造，有助于获得空气动力。顾氏小盗龙还不能飞行，但它可以利用这些独特的羽毛滑翔。华丽羽暴龙（学名 *Yutyrannus huali*）是霸王龙的远亲，头骨长 90 厘米，体重估计超过一吨。根据化石上的印痕判断，这头可怕的食肉动物，全身覆盖着丝状的茸毛。有人忍不住猜想，如果霸王龙也是全身毛茸茸的，是否有损于它的威严？

已知的带羽毛恐龙种类超过 30 个，中国（当然）是其中大宗。恐龙形象又翻开了新的一章：恐龙不仅是热血的、活泼的，还是鸟类的先祖，身着霓裳羽衣。这场变革同样影响到《哆啦 A 梦》的世界。在 SHIN-EI 动画公司制作的新版动画里，“中国恐龙展”出现了长羽毛的小盗龙，哆啦 A 梦和大雄甚至把一只麻雀变成了恐龙（当然，是毛茸茸的），来解释恐龙与鸟类的关系。

有羽恐龙

值得说明一句的是，大多数我们发现的带羽毛恐龙，都不可能是始祖鸟的直系先祖。羽毛恐龙最为丰富的辽宁热河生物群，距今约1.3亿年，敏感的读者会注意到，这个时间比始祖鸟稍晚，而且热河生物群有很多真正的鸟。爷爷不可能比孙子年轻，所以，毛茸茸的中华龙鸟并不是鸟的真正祖先。这好比说，人类的祖先是猿，黑猩猩是猿，跟人类有许多相似之处。但我们不能说，人类就是由黑猩猩进化来的。然而对黑猩猩的研究却可以增进我们对人类起源的了解。

现在说“我们搞懂了鸟类的起源”还为时太早，但我们对鸟类进化的了解，确实借助小盗龙的翅膀，完成了一个飞跃。进化不是直线而是树状的，在热河生物群里，我们看到的不是线上的一点，而是树上的许多“分枝”——各式各样毛茸茸的恐龙。我们借此窥探到鸟类进化的秘密，包括恐龙如何在后院中生存下去，这就是真实世界的时光机。

人类的动物园

2017 年 1 月播出的动画《兽娘动物园》走红，可以说是一件怪事。这部小动物卖萌的动画，3D 作画水准平平，漫画和游戏反响也平平，现在却人气爆棚，好评如潮。只能说世事难料。

动画一开始，女主角“小包”就在动物面前显示了人类的无能。当初我们的老祖先，像《兽娘动物园》的“小包”一样行走在非洲大草原上的时候，动物朋友们大概也没能料到，智人会成为对环境影响最大、个体最多、分布最广泛的大型哺乳类吧。

我们都是人类，每日所见最多的大型动物也是人类，很容易认为人类是最平平无奇的动物。实际上，正如另一位女主角，拟人化的动物薮猫（学名 *Loptailurus serval*）所说，不同的朋友擅长的事情都不同。人类有许多独特的技能，只是我们司空见惯，察觉不到罢了。

运动废柴？长跑天才？

很多人可能会认为，人类以头脑称霸地球，在身体能力方面，我们没必要跟动物相比。薮猫第一次发觉人类的特殊，却不是因为她的智慧，而是由于身体的能力。

在正午的烈日下，薮猫必须到树荫下休息。在热天长距离行动是危险的，因为大多数哺乳类的排出多余热量的方法是喘气。我们都见过热天的狗发出“哈哧哈哧”的声音。狗为了散热而进行的喘气，频率比正常呼吸高很多，但对于增加摄氧量却于事无补。因为散热喘气的空气只经过咽，不经肺进行气体交换。运动的肌肉需要比平时更多的氧，在跑动中同时进行高频率的喘气是不可能的，时间一长就会中暑。

人类可以避免这一风险，因为我们另有散热途径——出汗。人类的汗腺非常发达，在沙漠中负重行军的人，4 小时能排出 3.5 千克的汗。这是一种高效的散热方法，每毫升水蒸发时可以带走 580 卡的热能。在动画里，河马也提到，不出汗的动物容易中暑。另外，人类没有毛（实际上，人类的毛发数量并不少，只是非常细弱，所以看上去光秃秃），毛发被打湿后贴在体表，会阻碍空气对流，影响出汗的降温效果。

除了散热能力，人类还有一系列进化而来的特征以增加我们长距离移动，特别是长跑的能力。内耳里有个前庭器官（Vestibular），专职感受人体的位置和移动。跑步的时候，脑袋一直晃，就像坐了一辆特别颠簸的车，前庭器官很容易不堪负载而“晕车”。从人的后脑枕骨部位延伸出的颈韧带（Nuchal Ligament），还有连接肩膀和脖子的斜方肌，把头和手臂的动作联系起来，这样，我们就可以通过摆臂和肩膀的晃动，在奔跑中保持头部的平稳。

人类因适应奔跑而进化的另一个部位是脚。我们脚踝上的肌腱，特别是阿基里斯腱（Achilles），比其他的猿强壮，足弓（Plantar Arch）也很发达。人的腿脚就像弹簧一样在每一次迈步中储存能量再释放，大大节省了体力。

我们不像薮猫身手敏捷，也没有河马的牙齿和力气，甚至短跑还会输给河马大姐头。但是，人类在长跑方面的天赋，堪称哺乳类第一。马拉松的世界纪录是两小时多一点点（大约 6 米 / 秒），业余爱好者在 4 小时内完赛（约 3 米 / 秒）也不是稀奇事。但一匹马能用 5. 8 米 / 秒的速度一天跑 20 千米已经是极限了，超出这个程度，就会对骨骼肌造成不可恢复的损伤。人能跑过马，一点也不夸张。

喜欢吃饭和烧饭的猿

动画里的食物只有“加帕里馒头”，所有动物都吃它，这（似乎）并没有出现什么异常。白脸角鸮（学名 *Ptilopsis leucotis*）和雕鸮（学名 *Bubo bubo*）要求“小包”烧菜给它们吃，“小包”能用制造馒头的食材（土豆、大米等）做出咖喱饭，说明这种食物含有大量的淀粉。这其实是有点奇怪的，米饭对我们而言是再普通不过的食物，但对于很多动物，却可能是有害健康，甚至有毒的。

能吃咖喱饭，要依赖人类的另一种能力：我们比多数哺乳动物更擅长消化淀粉。人有好几个唾液淀粉酶基因，黑猩猩只有两个，这些增加的基因，会产生更多的酶，加速淀粉分解。

人类食物中淀粉的比例，远高于一般的灵长类。今天仍以采集和狩猎为生的部族，食谱里包含大量块根和地下茎（类似土豆），由此可以推想，我们的祖先也吃过这些富含淀粉的食物。以块根为食有一个问题，植物绝不肯把储藏营养的部分老老实实交出来给动物吃掉。这些部分通常很坚韧，而且可能含有毒素。这就需要人类独有的处理食物手段——火。

哈佛大学的灵长类学家理查德·兰厄姆（Richard Wrangham）认为，在人类的进化过程中火的功劳不容小视。高温可以使植物细胞变得柔软易碎，也使动物肌肉的蛋白质变性，不论是肉还是蔬菜，烧烤过之后，都变得更容易吃，也更有营养了。

跟其他灵长类相比，人的咀嚼肌和牙齿软弱，肠胃体积小。这一部分是烧烤食物的功劳，另一部分是因为我们是挑剔的食客。人类倾向于选择能量高、易于消化的食物，除了块根，肉食也是祖先食谱中重要的部分。我们是最喜欢猎杀大型动物的灵长类（不过，在动画里不大方便表现）。

这种“高质量”的食谱，为人类的智力进化做出了贡献。神经系统对能量的需求很大，静止不动时，大脑的能耗达到全身的20%~25%。要有一个发达的大脑，必须有丰富的营养补充。猫头鹰兽娘说，动脑筋需要消耗能量，所以她们想吃熟食。对人来说，这个要求是非常合理的，对于猫头鹰却十分古怪。因为它们的日常饮食，就是整吞耗子和昆虫，把骨头皮壳裹成团吐出来。

顺便一提，人类学家德斯蒙德·莫里斯（Desmond Morris）记录过一只动物园里的大象，一天之内被游客喂的东西，包括1700多颗花生、1300多块糖和800多块饼干。所以为动物的健康起见，逛动物园的时候，一定要控制住你们想投喂的洪荒之力。

会说话的大脑和独特的猿

动画里所有动物都会说话，但小包还是表现出不同寻常的地方，只有她会使用符号。利用解读文字的能力，她可以获取各种信息。

自1966年起，比阿特丽斯·加德纳和艾伦·加德纳夫妇（Beatrice Gardner 和 Alan Gardner）花费了多年，进行一场颇有童话风味的研究：教动物说话。他们的研究对象，一只年轻的黑猩猩瓦舒（Washoe），据说学会了130个词，可以“说”

4个词的句子。

表面上看，教动物说话是大有可为的。因为许多动物都用啼叫、表情和身体语言等方式进行交流。蜜蜂用转圈舞蹈指示花蜜的位置，离群的雁啼叫招呼同伴，古氏土拨鼠（学名 *Cynomys gunnisoni*）和动画里出现的黑尾土拨鼠（学名 *C. ludovicianus*）是近亲，它会用不同的尖叫声向同类报警，表示到来的捕食者是鹰还是郊狼。

但现实是残酷的。心理学家们发现，加德纳夫妇有意或无意地撒了一个弥天大谎。黑猩猩根本就不会说话。首先，科学家们高估了动物使用手语的能力。研究人员里有一人是先天性失聪者，他显然是最懂得手语的，他说，加德纳夫妇总是嫌黑猩猩“说”的话不够多，他们不得不记录下这个可怜动物的每个动作，强行把这些动作全都解释为手语。其实大多数时候他们根本没看到黑猩猩“说”出一个字。

瓦舒确实学会了几个手语的词，但它使用这些词的顺序，完全是杂乱无章的。比如，它懂得“你”“我”和“挠痒”的手语，要求人为它挠痒，它可能会说“你、我、挠痒”或者“我、挠痒、你”，这种表述毫无语法可言。语法之于语言，如同设计图之于建筑，按照语法规则组合起来，有限的词汇才能表达无穷多的意思。

其次，黑猩猩根本不爱说话。黑猩猩只用手语来获得自己想要的东西，让人给它挠痒或者点心。它不会主动跟人聊天，也不乐意表达自己的想法。我们都知道，小孩是怎样爱吵爱嚷，有时为了一点小事而大呼小叫，有时念着自己想象中角色的台词。人类把说话当成一种乐趣，但黑猩猩只把它当成“敲门砖”。科学家在自己的幻想里，把黑猩猩过度“拟人”了。

唱歌难听的“灵魂歌者”朱鹮曾向小包讨教歌唱的技巧，人类确实很擅长发出各种不同的音，只有少数鸟类能与之媲美（当然不包括朱鹮）。但人类语言能力的最大功臣，并不是喉咙而是头脑。人脑中对语言作用最大的两个区域，布洛卡区（Broca's area）与威尔尼克区（Wernicke's area），在类人猿身上是缺失的。前者主管语法和精细控制发音的能力，后者则是理解字义的关键。类人猿只有很小的威尔尼克区，根本没有布洛卡区。

通过观察古猿类和古人类的头盖骨化石，我们可以推测脑各个部分的进化速率。在猿进化成人（确切地说，从多毛、没语言的猿进化成少毛、有语言的猿）的过程中，这两个部位以惊人的速度变大，比整个大脑皮层扩展的速度（已经相当迅速）还要快得多。

我们消化淀粉的能力，或长跑中让脑袋保持稳定的能力，和动物只是"量的不同"（黑猩猩也能吃米饭，只是消化起来略微困难而已），然而，语言能力是一个"质的不同"。它不是各种动物皆有，是一种在人身上卓越特出，而其他动物都没有的能力。

加德纳夫妇一厢情愿地相信黑猩猩会说话，一个可能的原因在于达尔文进化论，人是由动物进化来的，人与动物息息相关，我们"似乎"不应该和动物朋友有太大的差别。宣称人类是特别的、独一无二的，有违于这种紧密的联系。

"独一无二"并不违反自然。语言学家斯蒂芬·平克（Steven Pinker）说过，各种动物都有独一无二的地方，正如大象有独特的鼻子，响尾蛇有独特的感知红外线的能力，人类有独特的语言。自然界最不缺的就是"独一无二"。也许就是因为这种多样性和独特性，动物世界才如此吸引我们吧。

丑小鸭可行性报告

鸭子真的会孵天鹅蛋吗?

丑小鸭是意外流落到鸭巢之中的天鹅，安徒生用以比喻自己家庭贫穷，身份高贵。张贤亮在《绿化树》里，借一个农民之口，嘲笑过这个故事，天鹅蛋比野鸭蛋大好几圈，鸭子又不蠢，怎么认不出来呢?这就是以人类之心，度鸟类之腹了。

有些鸟判断“自己的孩子”的标准，在人类看来是惊人的愚蠢。很多鸟都有一种行为：用脑袋把蛋拨进巢里，拢到腹下进行孵化。如果给它一个别的蛋，甚至一个皮球，它也会照样坐在上面孵。捡蛋这个行为，应该针对现实中的蛋，但是，引发它的不是“蛋”这个整体，而是蛋的一些特征，能被鸟类的感官所感知到，比如圆形。动物行为学把这些特征叫做关键刺激（Stimuli）。

本能好比电脑程序，不懂得灵活变通，其实人在这方面，有时也不比鸭子聪明多少。有不少人对画里的美女一见倾心，或者钟情于只在屏幕里见过的明星，一张画和一个人的差别，比蛋和皮球的差别还大，但这张画提供的视觉刺激，足以让人把它识别为“美女”。

天鹅蛋比鸭蛋大那么多，说不定倒帮助了丑小鸭。实验显示，个头大、色彩夸张的假蛋，用来引发行为的效果，甚至比真蛋还好。蛎鹬（学名 *Haematopus ostralegus*）会坐在一个比自己身体更大的鸵鸟蛋上，它觉得这比真的孩子还要可爱。因为大蛋的特征，对动物的感官刺激，比正常蛋更强烈，这叫做超常刺激（Supernormal Stimuli）。

也不是所有的鸟都那么呆。动物识别欺骗的能力，和被欺骗的风险是相辅相成的。在自然界，不会有人在蛎鹬的窝里放一个鸵鸟蛋，但有一些鸟面临比较大的被欺骗的风险，所以它们不能像蛎鹬那样心大。自然选择的压力，在它们身上塑造出比较强的识别能力。

鸵鸟是一夫多妻制，好几只雌鸵鸟（有时多到 7 只）会在同一个窝里产蛋。只有一只雌鸵鸟会负起孵蛋和守卫的责任。一窝蛋的数目可以达到 40 个，但雌鸵鸟至多能孵 20 个。它能认出自己的蛋，然后把别人的蛋推出巢外，让它们无法孵化。

鸵鸟蛋都是纯白的，照我们看来完全是一模一样，这种识别能力可以说很厉害了。鸵鸟比蛎鹬聪明吗？也许这只是说明，识别自己的蛋对蛎鹬来说无关紧要，对鸵鸟却事关重大。

家鸭还是野鸭？

童话里的鸭子比较聪明，鸭妈妈坐在天鹅蛋上孵了很久以后，一位德高望重的老鸭嬷出现了，指出这个怪蛋不是鸭蛋，可能是主人硬塞给它的火鸡蛋——安徒生幽默地说，鸭子会为火鸡的家教感到头疼，因为它们不肯学游泳。

鸭蛋和火鸡蛋的孵化时间都是 30 天左右，天鹅大概是 35 天，鸭妈妈也是蛮辛苦的。人类安排一种鸟做另一种鸟的养母，这并不罕见。经常有人让鸡代孵鸭蛋。但是反过来，让鸭子代孵别人的蛋，这种事就不多见了。1700多年前的汉朝就有鸭不孵蛋的记载，有相当大的一部分家鸭，孵蛋的行为已经消失，变成了不负责任的母亲。家鸭的祖先绿头鸭（学名 *Anas platyrhynchos*）如果不孵蛋，就会断子绝嗣。但家鸭不用担心，它们可以找母鸡代孵，让她把不孵蛋的基因传递下去。

童话原文里，丑小鸭出身的家庭显然是家鸭，在《绿化树》里，农民和男主角辩论时说的却是野鸭。我们可以猜想，在争论“鸭子会不会孵天鹅蛋”之前，他们可能早就争论过“鸭子能不能孵蛋”，男主角用“孵蛋的是野鸭子”为自己开脱。

其实，“很大一部分”家鸭失去了孵蛋的本能，并不代表所有鸭子都“堕落”了。还有一些家鸭保存了孵蛋的能力。奥地利动物学家康拉德·劳伦兹（Konrad Lorenz）为了研究雏鸟的行为，曾让北京鸭孵野鸭的蛋，鹅和火鸡孵灰雁（学名 *Anser anser*）的蛋，都成功了。孵蛋的本能写在鸭子的基因里，不会因为“不用”而立刻消失。

也许让鹅担当丑小鸭的养母会更合适。欧洲家鹅的始祖是灰雁，中国家鹅则是鸿雁（学名 *Anser cygnoides*）驯化而来。在《丑小鸭》故事里，丑小鸭就曾跟两只雁处得不错。它们还劝它一起飞走，去沼泽地认识几只雌雁。

在爱情观上，丑小鸭跟雁也更有共同语言。天鹅和大雁都是一夫一妻，父母共同抚养孩子，而绿头鸭是一夫多妻，雌鸭独力照顾小鸭，雄鸭都是游手好闲的花花公子。丑小鸭的养母就曾经抱怨过鸭爸爸是个“坏东西”：“我在这辛辛苦苦地孵蛋，它从来没有来看过我一次！”

号手在召唤

我们在养鸭场里溜达了半天，终于要讨论天鹅的问题了：丑小鸭到底是哪一种天鹅？

从《丑小鸭》中详细的景物描写来看，这个故事发生在安徒生很熟悉的地方。所以我们可以假设它发生在丹麦，丹麦有三种天鹅繁衍后代：疣鼻天鹅（学名 *Cygnus olor*），大天鹅（学名 *C. cygnus*）和小天鹅（学名 *C. columbianus*）。个人比较倾向于疣鼻天鹅，因为它是丹麦的国鸟。

疣鼻天鹅全身雪白，红色的嘴上有一个黑瘤。翼展超过两米，体重可达 10 千克，是最大的飞鸟之一。其实丑小鸭刚出壳时并不丑，疣鼻天鹅的雏鸟，有像丑小鸭一样灰色的，也有纯白的，圆滚滚毛茸茸，相当可爱。雏鸟一般都长得很快，因为它们现在很娇嫩，全无防备敌人的能力，要赶紧发育到会飞。长到 4 个半月，疣鼻天鹅就能飞了。

离开养鸭场的时候，丑小鸭已经长得很大了，蜕去绒毛，换上了羽毛。未成年的天鹅羽毛是灰扑扑的，鸟类学家把这样半大不小的少年鸟叫做“亚成鸟”。别人把灰色的丑小鸭当成一只长相古怪的鸭子，但它的内心已经有了天鹅的本能冲动。

疣鼻天鹅又叫哑天鹅，其实它并不哑，飞翔时会发出响亮的哨声，跟同伴保持联系。另外，天鹅在起飞之前也会鸣叫，召唤伙伴同行，原文对天鹅飞翔、鸣叫的情景，描写得非常动人，而且写到丑小鸭为天鹅的出现感到激动，想要展翅高飞，是非常符合科学的。

天鹅身体重，在起飞之前，要在水面上直线奔跑一段距离，好像气垫船。动物园里的天鹅，到了候鸟迁飞的季节，即使翅膀上的羽毛被剪掉了，也会勉力在水面上飞奔，企图升上天空。丑小鸭虽然没剪翅膀，但也遇到了类似的问题：湖面结了冰，只剩一个冰窟窿可以游泳，水面太小，根本无法起飞。它只好在水里打圈圈，感到黯然神伤。

说到这里，可以提一下另一部描写天鹅的儿童文学名著，埃尔文·布鲁克斯·怀特（Elwyn Brooks White）的《吹小号的天鹅》。很容易判断，这个故事里的天鹅是黑嘴天鹅（学名 *Cygnus buccinator*），因为故事的背景是美国，北美只有这一种天鹅。黑嘴天鹅的鸣叫像号声一样洪亮，因而得到了号手天鹅（Trumpeter swan）的别名。《吹小号的天鹅》里的主角是哑巴，于是它学会了吹真的小号，模仿天鹅的声音来跟同伴沟通。

在故事的结尾，丑小鸭度过严冬，换上了雪白的羽毛，变成了受人喜爱的天鹅。其实疣鼻天鹅在两岁时才真正算是成年，变成美丽的白色。根据故事里的时间，丑小鸭未满一岁，应该是脏兮兮的灰色才对。《吹小号的天鹅》对天鹅颜色的变化描写要准确得多。

在人类看来丑小鸭的外观不雅，对天鹅而言却是保命的必需品。天鹅其实相当凶猛，而且有一件强劲的武器：翅膀。劳伦兹讲过，柏林动物园的一只疣鼻天鹅翅膀的一击，曾把饲养员的手臂打成骨折。如果看到陌生的成年（白色）天鹅出现在附近，很可能引发成年天鹅攻击性，灰色的亚成年天鹅不显眼，可以免遭痛打。

冬去春来，丑小鸭再一次见到天鹅的时候。第一个想法是让这些高贵的飞鸟，结束它的生命，以免再受欺辱之苦。直到小孩子道出它已经不是丑鸭子，而是“最年轻、最美丽的天鹅”。在现实世界里，如果丑小鸭真是纯白色，我们不得不为它的小命担忧。

我们有望成为天鹅吗?

丑小鸭的故事已经结束，但很多人的问题还没有结束。安徒生自比“天鹅”，是不是太自大了？丑小鸭天生是天鹅，比鸭子高贵，安徒生是不是信奉“血统论”，不够“正能量”？

安徒生其人本来就有浮躁、爱虚荣的性格缺点，他写这篇故事有拔高自己的动机也毫不奇怪。如果要因此得出结论说童话都是“负能量”，那就是无稽之谈了。

童话里也有“反血统论”的作品。比如贺宜的《鸡窝里飞出金凤凰》，讲一只普通的小鸡，经过努力修炼和烈火烧炼成为凤凰。但凤凰超出众鸟，并不是因为血统高贵，而是因为它对弱小善良的生物投以无私的关爱。

我不敢跟你许诺小鸡能成为凤凰，也不喜欢散播“血统即一切”的“负能量”。世界是复杂的,想用“正能量”和“负能量”来概括都是太过简单的想法。我宁愿给你介绍，我更喜欢的一篇童话：孙幼军的《冰小鸭的春天》。孙幼军在童话创作方面的成就，也许不如安徒生，但是他身处当代，所写的东西能给现代人更多的共鸣感：

冰小鸭在众多巧夺天工的冰雕里，是非常平凡的一座，它期盼能看到春天，但所有冰雕在春天都会融化。最后，在石头天鹅（这个形象,显然受到安徒生的天鹅的影响）的帮助下，它从北国来到南方，融化在美丽的春溪中，感到非常快乐。

我们每个人都不是完美的，大多更是卑微的，没有成为天鹅或凤凰的际遇，而且死亡总是会到来，但春天确实存在，天鹅也确实存在。

从动物寓言到动物小说

动物行为学的泰斗人物康拉德·劳伦兹（Konrad Lorenz）曾抱怨，他无法容忍文学作品中漏洞百出的动物描写。对于动物小说，许多人的印象会限于《狼图腾》《斑羚飞渡》等臆测很多、滥情伤感的作品，从而认为“文学家写动物”是一个不可能完成的任务，“动物小说”是一个可鄙的文体。然而如同那些伤感作品对于动物的认识，许多人对于小说的认识，也是受到严重局限的。

最原始的动物写作

苏格兰作家兼人类学家安德鲁·朗格（Andrew Lang）早已指出，原始社会的人所信仰的是万物有灵论，“万物同等”，都具有人格。原始部落关于动物的传说，可谓是最原始的对动物的文学描写。你可以注意到，在他们的故事里，多是高度拟人化的，动物、植物乃至器具都像人一样说话、劳作。

原始传说另一个特征和拟人同样引人注目就是对抽象概念的实体化。意大利哲学家乔瓦尼·巴蒂斯塔·维柯（Giooanni Battista Vico）提出，早期的文明不能表现抽象思维，他们无法表现“勇猛”的概念，就创造出具体英雄的形象如阿基里斯来代表勇猛，称为“想象性的类概念”。表现这种实体的可以是人，也可以是动物、鬼怪等，例如作为“狡诈多智”的象征，印第安人的传说里有狡猾的郊狼，欧洲和中国很多传说里都有狡猾的狐。由此我们可以得到，“原始的”描写动物的另一个特点：动物身上被寄托了概念，成为概念的载体。

随着时间推移，文明逐渐发展，原始传说从全民接受的文化，变成和“文人的文学”相向而踞的“民间文学”，流传于下层人民和儿童中。在知识分子阶层，也有些人模仿民间文学，创作儿童文学和寓言故事，这些作品往往继承了动物拟人化和象征性的特点。“动物拟人化，像人一样说话、做事，而且说明道理”，或者说“猫狗讲话”，几乎成为一般人心目中“童话”的标志。

应该提一句：儿童文学不一定出现拟人动物的形象，出现拟人动物的也未必是童话。收集并再创作民间故事的《格林童话》里，比较有名的拟人动物，只有《小红帽》里的狼。早期的原创童话作者安徒生也绝不是篇篇有动物。出现了动物形象的寓言，经常被当做童话交到儿童的手中，如狐假虎威、乌鸦和狐狸的故事（这些老寓言仍带有民间传说的痕迹），然而它们本质上还是成人的文学。

幻想的权利

在我继续讲动物之前，我们不得不先讨论儿童文学的另一个重要特征：想象。童话里充斥着奇怪的、非现实的东西，这同样来自于原始社会对鬼神和巫术的信仰。民间故事的英文名称是 *Fairy Tale*（《仙子的故事》）。然而在很长一段时间里，给儿童阅读的文学提起民间故事，都是贬斥的态度，甚至要对幻想赶尽杀绝。这是习惯了魔戒和哈利·波特的现代人难以置信的。

法国学者保罗·阿扎尔（Paul Hazard），在他的《书，儿童与成人》（法文 *es livres, les enfants et les hommes*，英文 *Books, Children and Ment*）（写于 1932 年）里告诉我们，早期儿童文学的重要特点并不是“想象”而是“教训”。给儿童看的书，必须以传达道德和知识为第一要务，荒诞的幻想被看做是知识和理性的敌人，是不该存在的。

但是儿童对于奇怪和有趣东西的兴趣，又如何得到满足呢？阿扎尔说，一些书会给小读者们讲一些，以“科学”为名的猎奇恐怖故事，并告诉他们，这些就是真实。比如天上落下如雨的鲜血含有能够瞬间杀死公牛的剧毒。

好笑的是，在今天，这种贴着“科学”标签的猎奇文学仍然不在少数。

“幻想”在西方的儿童文学里“打下一片江山”，要归功于英国的浪漫派诗人。18 世纪后半叶，浪漫主义诗人如威廉·布莱克（William Blake）谴责工业主义、物质主义过度发展，他们选择了“天真”与“想象”作为武器，向唯理性、唯利是图的社会观念开战。他们赞美儿童的天真，欣赏民间故事的怪奇幻想。借他们之力，儿童文学终于产生了根本的转变——从“贬抑幻想”到“张扬幻想”。

科学与现代的文体

“动物小说是最具有现代意识的文体之一。”儿童文学研究学者朱自强在《儿童文学论》里这样写道。对动物的描写古而有之，有什么称得上“现代”的呢？朱自强对此的解释是，如果我们一直“将人类视为万物的中心”，儿童文学也就不会诞生。现代社会的一大特征，是现代工业和科学技术的高度发展产生了负面影响，环境破坏成为人类生存的巨大威胁。

不仅科学界为此担忧，人文学界（哲学家和文学家）也改换角度开始审视人在自然中的位置。人不是自然的主人，而是自然的一部分。

认识到环境问题的学者和文人，采取了一种全新的角度审视动物（以及植物和自然的其他部分），把自己的兴趣投注到自然生物本身，以审美的角度去观察，甚至歌颂生物，而不是虚构出说人言的狐狸、老虎。狐狸、老虎到此不再是表达人间事理的工具，而是写作目的本身。由此产生了生态文学这一文体。

这方面的代表作者，有科学家兼散文家蕾切尔·卡逊（Rachel Carson），她在描写海洋生物的散文中，坚持从整个环境的角度描写自然，人、动物、植物都是这个自然整体的一部分。卡逊高兴地说，她在自己的想象世界里，变成了鳗鱼和海鸟。人类不满足于创造寓言故事里“披着动物皮的人”，要把这个关系颠倒过来，自己变成“披着人皮的动物”。

朱自强所谓的动物文学，诞生的时间比生态文学略早，最早的作品，可能是加拿大人汤普森·西顿（Thompson Seton）的《我所知道的野生动物》（*Wild Animals I Have Known*）（出版于 1898 年）。但在性质上两者高度重合，例如从审美的角度观看动物和自然,以写“动物本身”而非“拟人动物”作为目的，以及和科学的不解之缘。

一方面，观看动物的全新角度，产生自“人是自然的一部分（而非可以随意利用自然，不怕产生负面结果的‘神’）”这种观点。这种观点的根源，又是科学技术产生的巨大的改造自然能力，导致环境破坏严重，影响人类生活甚至存续。这是一个极其现代化的问题。

另一方面，在工作的过程中，虽然科学家目的在求“真”，小说家在审“美”，但观察和了解“真正的”动物这个过程却具有高度的相似性。动物文学与其他“描写动物的文学”，主要的区别，就在于对“真实的动物”的特别关注。一些科学家描写动物和自然的科普作品，如康拉德·劳伦兹（Konrad Lorenz）的《狗的家世》（奥地利文 *Sokamder Menschaufden Hund*，英文 *Man Meets Dog*），也可以视为优秀的生态文学或动物文学。

同时，纯粹的文学家在写作动物文学的时候，也会采取科学观察的角度，虽然它未必是正确的。值得注意，即使是作为动物小说泰斗的西顿，也受到过于伤感主义和虚构故事的指责。但是他们审视动物的方式常能见到现代科学的知识蕴含其中。

动物小说的“科学视角”

西顿的《春田狐》里，雌狐为了营救它的孩子挖坑把拴住小狐的铁链埋起来，西顿记叙它的行为，并不加以解释，但暗示雌狐想借此让铁链“消失”。这种猜想体现出当时认识水平的局限。但值得注意，西顿塑造的雌狐不像泛神论神话中的狐具有人类的智力，而是具有“跟人类相似，但水平不及”的智力。这体现出达尔文进化论的影响。既然动物和人是同宗，观察者也想在兽类身上，寻找人类理性的种子。

尤为有趣的是，雌狐的行为很像人类婴儿。婴儿不具有“客体恒常性”，当玩具被藏在妈妈背后，他们就认为玩具真的消失了，如同雌狐以为藏起来的铁链消失了。

再看一下更晚一些的作品。中国作家格日勒其木格·黑鹤的《狐狗》中，出现了一只特殊的狗“阿牙”，它的母亲是具有獒犬特征的，是强壮而笨重的草地牧羊犬。然而它纤细而灵敏，热爱挖洞和捕鼠。牧羊人说它是红狐和狗的后代。叙事者感到难以相信，“从来没有听说过”。

黑鹤对“阿牙”腾空跳起，用前肢下压捕捉猎物的动作描写，很容易让人想起劳伦兹在《狗的家世》中，对他的狗“苏希”跳跃捕鼠的记录。劳伦兹对这个动作的描写十分详细，还配有自绘插图，很容易认出来，这是多种犬科动物（包括狗和红狐）捕食小动物的常见动作。可以说，这个动作完全是“动物性”的，毫无“拟人”的成分，它完全可以发生在真实世界的动物身上。

虽然是出自不同的目的，但黑鹤对于阿牙行为的观察和记录，与科学家确实有相似之处（同时也体现出作者的一些科学知识基础），它们都指向动物本身，而不是将动物拟人的想象。

狐狸跳起来抓老鼠

素食猫：中国儿童文学对幻想的贬抑

中国作家孙幼军的著名童话《小贝流浪记》，写到一只兔子请小猫吃饭。端上来的是素菜——果子和草根，故事在这里分裂成了两个版本，第一个是小猫因为过于饥饿，吃下了草根，第二个是小猫无论如何不能下咽，直到小兔端上鱼虾为止。

孙幼军曾多次谈及，自己对童话创作理论太过拘泥于“真实”的不满。孙先生大概被迫修改过自己的作品，好让它更接近“真实”。

儿童文学作家贺宜，在一篇理论文章中提出，兔子不能吃鱼，因为这是违反现实的。孙幼军对此不敢苟同，他的解释是，童话是在模仿（知识有限的）儿童的思维方式，会出现奇怪的幻想，如果幼儿园的小朋友吃了红烧黄鱼，那他们就要编一个兔子吃红烧鱼的故事出来。这不是你高喊“科学”“真实”就能够阻止的。

孙幼军的观点，与浪漫主义诗人所赞颂的“儿童的想象力”，其实是类似的。但却遭到完全不同的待遇。中国儿童文学非常注重教育性，有时甚至成为宣传“知识”和“道理”的工具，朱自强和孙幼军（以及很多人）都抱怨过这种思维方式给儿童文学中的幻想戴上了“镣铐”。中国儿童文学与欧洲最大的不同之一，就是深植于文化根底的，对幻想的态度。

一方面，中国的传统儒家文化重现实，轻神秘主义，非常关注教育儿童，让儿童读书仕进，鄙视“小孩的胡思乱想”。另一方面，中国现代文学里，占据最重要地位的，是关注社会，揭露现实的“现实主义文学”。虽然从古代到现代，文学多次脱胎换骨，发生了彻底的改变，重实际，轻幻想这一点，却是不变的。

斑羚飞渡：一种不得已为之的“真实”

以沈石溪《斑羚飞渡》为代表的，很多中国作者写作的“动物小说”，都身处一个尴尬的位置：作者标榜写作内容的“真实”，作品也经常出现动物学知识，他们仍然试图维持动物小说与科学“并行”的特点。然而这种关系已经摇摇欲坠了。作者在书斋里写作，缺乏对动物的感性了解（在土地高度开发的中国，这是一种无可奈何的事实），再加以知识有限。因此产生了许多明显的常识上的漏洞，在此不多赘述。

朱自强对此的解读是，沈石溪的小说重点是“对人类生活和心灵世界的关心”。他喜欢将动物拟人化，寄托动物表现抽象观念。这一点与经典动物小说大相径庭，倒像是原始文学里“拟人化动物”写法的回归。比如，在他的《狮王红飘带》里，雌狮为了摆脱雄狮“大家长”的统治，与一只雄狮组建小家庭，在大家族边缘勉强求生，最后以雌狮出走结束——这个故事令我想起的，不是描写动物的文学或科学作品，而是苏青的《结婚十年》。

在中国儿童文学的世界里，幻想受到贬抑，然而儿童仍然要求要“听故事”，动物小说因为背景的陌生和情节的曲折，容易受到儿童的欢迎。它与科学的密切关系，又赋予了它“教育”的功能（传达动物学知识），真是再理想不过了！甚至于，因为中国儿童文学反感“幻想”，动物小说作家声称自己所写全是“真实”，会得到更高的评价。

于是我们看到阿扎尔在《书，儿童与成人》里，所提到的“血雨”和“毒药”的故事复活了。只要贴上“科学”的标签，怪诞的猎奇故事，就可以获得存在的权利。推崇教育的儿童文学理念，期望给儿童以知识和理性，一味地贬抑幻想，结果却产生了戴着“真实”“科学”假面的臆造故事。

在人的思维中，理性和感性宛若鸟之两翼，偏废一边，结果不是另一边更加发达，而是两方皆毁。这里作者本人有多少责任，文化的大环境又有多少责任呢？

动物小说需要真实性吗

动物小说在网络上常引起讨论，其背后的问题是多方面的。常有人反映，一些流行的动物小说作家，如沈石溪，写得“不像动物”。然而文学不是科学，“动物小说”必须得符合生物学吗？小说虚构的界限又在哪里？

何为“动物文学”？

中国海洋大学的教授朱自强在《儿童文学概论》中提出，文学作品对动物的描写可分为三种。第一种，动物是拟人化的，如《列那狐》。第二种，动物具有人的心智，但行为、表现仍是动物的，如《黑骏马》。第三种，动物是本真的，写实的，如加拿大作家汤普森·西顿（Thompson Seton）的《我所知道的野生动物》。

朱自强认为，第三类描写动物的文学，才可以称之为“动物文学”，并坚决地表明，“真实性”在“动物文学”中具有关键作用，它影响到动物文学的界定。动物文学与科普文学有重叠的地方，因为它们都关注于“动物生命的真实状态”。

小说是否“真实”看似是无意义的问题。真实并不是文学必要的条件。然而文学不同的门类、流派，对于“真实性”的要求各有差异。朱自强对于他所谓的“动物文学”，提出要“真实”乃至要“科学”的要求，是有其深层原因的。

小说也要讲科学吗？

西顿的小说《春田狐》中，雌狐企图营救被铁链拴住的孩子，把链条埋起来，它认为这样铁链就不存在了。事件的真假姑且不论，西顿使他笔下的动物角色这样行事，使人想起发展心理学中的“客体恒常性”概念。人类的婴儿不具备客体恒常性，认为看不见的东西就不存在，如果把玩具藏在背后，他（她）就以为玩具消失了。

这里值得注意的有两点：

首先，西顿引用自然科学，来安排自己笔下角色的行为，并提供解释。动物文学与自然科学，尤其是动物学可以有联系，甚至相当亲密。

其次，雌狐的行为与人有相似处，但它不是拟人化的列那狐。它不具有人的智力，它的智力类似人，却比人差一等（雌狐和婴孩都不具有客体恒常性）。这很容易让我们想起进化论。达尔文证实动物和人乃是亲戚，并非寓言、童话的拟人，而是客观存在的血缘关系。

动物小说一直保持着与自然科学（也是与客观现实）的这种关联。在当代中国作家黑鹤的《狐狗》中，对于狗行为的描写，同样蕴藏着“科学味”。他写出野狗“阿牙”的“据地作势”姿势，并在注解里更加详细地加以解释。

据地作势是猎犬的本能行为，经过人工选择强化，可以指示猎物的位置。它是与生俱来的，达尔文在《物种起源》里，把据地作势作为例子，来证明动物行为可以通过进化而改变。

甚至于，《狐狗》整篇故事的气氛，角色安排，都使人想起奥地利动物学家康拉德·劳伦兹（Konrad Lorenz）兼具科学性和艺术性的散文集《狗的家世》。这也许是因为，作者在观看动物时既有艺术的眼光，也掺入了自然科学知识，并（有时是潜意识地）揣摩背后运转的科学原理。

动物小说之争

由于“动物文学”这一文学门类，具有和科学亲近的特殊性，采用自然科学的视角批评动物文学，不仅“古而有之”，而且影响相当大。

1903 年，美国的博物学家和描写自然的散文家，约翰·巴勒斯（John Burroughs），向《大西洋月刊》（*Atlantic Monthly*）投寄了一篇名为《真实与虚伪的自然史》（*Realand Sham Natural History*）的文章，批评一些描写动物的作者（包括汤普森·西顿），声称自己的作品是根据亲身经历写成，却存在编造虚假的内容。由此动物文学的“真实性”引发了热议。

老罗斯福总统（他是一个狩猎迷和自然爱好者）在 1907 年，接受了《众人杂志》（*Everybody's Magazine*）的采访，对这场讨论公开发表了意见。罗斯福批评一些动物文学的作者，如杰克·伦敦（Jack London），认为他们的作品里，存在许多虚造的内容，会误导没有自然知识的善良之人，对孩子更是有害。

这场辩论带来了很多谜题。杰克·伦敦和西顿的小说仍免不了被诟病。动物文学是否无法保证科学上的“真实性”？或者，构造“真实”比我们想象中更难，即使作者努力追求，也无法避免笔下的世界成为空中楼阁？

在国内，西顿是普遍被承认的动物小说作家（朱自强也对他赞赏有加），并经常拿来跟沈石溪对比，我们是不是在戳破了沈石溪的气球之后，又在建立西顿的神话呢？

困难的“真实性”与危险的“虚假性”

温州大学的吴其南教授认为，沈石溪所描写的世界具有虚构性。他的小说按照朱自强的分类法应该属于第二类。也就是说，沈石溪的动物具有拟人化的内心，仿佛人类被困在兽类的躯壳里。

沈石溪承认他的小说存在不符事实的内容。但他也坚称，动物小说与自然科学、与“真实性”具有亲密的关系，并认为“真实性”是动物文学应当追求的。他其实更趋向于把自己的小说定位为第三类。

对于一个作家而言，更重要、影响更大的，可能不是当众的表态，而是作品中潜移默化的暗示。沈石溪的自我定位，他对“真实感”的营造，与他的小说中显然存在的知识漏洞，形成了鲜明的矛盾。

假作真时真亦假，对于难以识别“真实世界”与“文学世界”的儿童，阅读沈石溪的小说，很容易造成误导。虽然碎片化的、错误的动物学知识，对儿童的生活影响甚微，但这种误导也可能造成深远的影响。

朱自强称动物文学是帮助人类了解“化中人位（人在自然界的位置）”的文学。描写自然的文学作品，在现代社会担任着特殊的作用：向读者（尤其是儿童）传播保护自然生态的观念，保护自然，不仅是一个科学问题，也是一个社会道德问题。沈石溪小说在涉及人与自然关系的时候，其中的谬误就不再是单纯的科学问题，跨入了社会道德的领域。

例如他的《板子猴》的主角是一只滇金丝猴（学名 *Rhinopithecus bieti*），因为丑陋被马戏团廉价买来（这里出现了真实的地名：圆通山动物园），它在训练中遭到了痛打。叙事者虽对它表示同情，但也认为“猴子演员”是马戏团必不可少的，并描写了滇金丝猴表演成功后，孩子们被它“精湛的技艺和顽强的作风所感动”，欢欣鼓舞的场景。

这些小说里，对人和稀有野生动物的关系的描述，显然存在知识性的错误。而这些错误的知识，很可能导向一种错误的，人与自然的关系。这对于儿童的影响会是怎样的呢？我们应当担忧。

从甲骨文到独角兽
——中国犀牛与中国历史文化的故事

商周：白兕与青牛

1929年，在河南安阳的殷墟出土了一个巨大的兽头骨，上面刻有甲骨文字。这是商代王公的狩猎成果，当时人认为这是一只难得的珍稀猎物，所以刻字留念。根据刻字，我们可以判断，这是一头“白兕（音“四”）”。动物有时会由于基因缺陷，缺乏色素，全身毛色雪白。这种情况非常稀少，所以这种动物被视为珍品。然而兕又是什么呢？

中国历史地理学家文焕然对古代中国出现的动物和植物很感兴趣，他利用这些生物的分布，来推断古代的气候冷暖状况。他以古书为证据，认为这个“兕”就是犀牛。犀牛是热带动物，现今中国并没有犀牛，然而古代有，说明当时的天气比现在温暖。

北宋的中药书《嘉祐补注本草》中，兕和犀牛被解释成同一种动物，雄的叫“犀”，雌的叫“兕”。另一个例子是南宋罗愿的《尔雅翼》，这本书是对古代字典《尔雅》中词汇的解释。罗愿认为，古人叫“兕”，今人（对他而言的“今人”，也就是宋朝人）叫“犀”，是一物二名。另外一位给《尔雅》

做过注解的古人，西晋的郭璞写道："兕一角，色青，重千斤。"看来，这个形象确实很像犀牛。

虽然古时的中国有犀牛，但考古发现的犀牛骨头相当少，但古书和甲骨文中对"兕"的记载却相当多。法国人德日进（原名 Pierre Teilhardde Chardin）和中国地质学家杨钟健在对殷墟的考察中只发现了少量的犀牛脚掌骨头（其他动物的骨头很多）。犀牛是体格庞大的独居动物，数量本就不多，找到的骨头很少也是合乎情理的。甲骨文中记载，商代的王公把森林点燃（为了把野兽赶出来）进行狩猎，得到兕 71 头。哪里的森林也不会窝藏如此之多的野生犀牛。这样看来，"指兕为犀"是可疑的。

战国犀尊

另外一个疑点是甲骨文中可以见到"射兕"的记载。古书如《诗经》和《楚辞》里，也常常提到用箭射杀兕。犀牛浑身硬甲般的厚皮，体重 1~2 吨，发怒时破坏力极其可怕，古人怎么能用粗糙的武器跟它搏斗，还用箭射杀许多犀牛呢？

研究甲骨文的法国人雷焕章（原名 Jean Almire Robert

Lefeuvre），请法国国家自然历史博物馆的动物专家，检查了写着“白兕”的头骨，得出结论：这个头骨是水牛的。在殷墟，发现过数以千计的水牛骸骨，它们来自一种已经灭绝的野水牛，中文称为圣水牛，学名 *Bubalus mephistopheles*。这个学名取自歌德的长诗《浮士德》里一个魔鬼的名字（叫牛魔王也许更合适？）。雷焕章由此得出结论，兕是野水牛，不是犀牛。虽然野水牛也是强大有力的野兽，用箭射杀它还是要比射杀犀牛容易得多了。而且野水牛群居，能够一次猎捕到许多。

那么，郭璞说兕只有“一角”，又是怎么回事呢？水牛不是该有双角吗？雷焕章说，商代和西晋之间，很长一段时间里的古书，只有《山海经》提到兕是“一角”。山海经里有许多怪兽和神怪的记载，拿来研究动物学，并不可靠。所以郭璞说兕是“一角”，很可能一开始就盲从了错误的观点。

最著名的兕形象，出现在《西游记》里。独角兕大王凭着法宝“金刚琢”，抢走金箍棒和哪吒等一干天神的兵器，在妖怪里很出了一番风头。它的外貌是这样的：

独角参差，双眸幌亮。
顶上粗皮突，耳根黑肉光。
舌长时搅鼻，口阔板牙黄。
毛皮青似靛，筋挛硬如钢。
比犀难照水，象牯不耕荒。
全无喘月犁云用，倒有欺天振地强。

这里明确说到兕不是犀，也不是牯（黄牛）。兕大王是太上老君的宠物，太上老君的原型老子，坐骑为“青牛”，也就是水牛。犀牛虽是独角，却性格凶猛，无法驯化为坐骑。皮肤黑粗和长舌的特征，也很像水牛。“金刚琢”其实就是牛鼻环。兕大王虽然厉害，却是一头驯化的家畜。

北宋：犀牛画作之误

犀牛角的成分是角蛋白，与人指甲相似并没有特殊的药效。但因为犀牛稀有又怪异，自古以来，犀角都被看作珍稀的药材。直到今天，野生犀牛被猎杀到濒于灭绝，非法的药材需求都是一个重要的原因。

关于中药的中国古书里，经常可见“犀牛”的图画。但好笑的是，这些“犀牛”有的浑身长毛、四腿细长，有像鹿的长脖子，有的很像猪，有的酷似小牛。犀牛角一般都画在脑瓜顶上。今天连3岁小孩都不会认为这些画的是犀牛。不仅药书上的犀牛画得失败，各种出现犀牛的工艺品，比如宋代的铁犀牛雕塑（据说可以防止水灾的作用），和清代官员服饰上的犀牛图案，也都是怪模怪样的。

镇河铁牛

是古人的艺术创作水平太低吗？并不是。在陕西出土的战国青铜器“错金银云纹青铜犀尊”，是一件犀牛形状的盛酒器。这只犀牛就做得很像，造型精美，尊为国宝。另外，唐高祖李渊的陵墓上，也有很不错的石雕犀牛。有趣的是，在比较早的时代，中国人塑造的犀牛形象还相当逼真，北宋以后，几乎都变成了牛不牛犀不犀的怪物。

石犀牛

“怪犀牛”的出现，最直接的原因，就是中国人无法看到本土的野生犀牛，当然画不出犀牛的模样。先秦时期，犀牛在中国的分布范围很广；到了宋代，犀牛已经“退缩”到中国西南一些偏僻的地区；清代，云南还有少量的犀牛残存，最终在全国内灭绝。犀牛在中国不断减少，一方面是因为文焕然所提到的气候变冷，另一方面是人类的影响：开荒种地毁掉了森林，犀牛无处生活，为了获得价值昂贵的犀角（药和工艺品）、犀皮（铠甲），犀牛被大量捕杀。

虽然本土已经少见犀牛，中国古人仍有见到犀牛的机会：例如使臣“出国交流”，或者外国作为珍稀动物进贡。马欢是明代官员，曾与郑和下西洋，写成《瀛涯胜览》，记录了他在外国所见的许多人事和异物，包括野生的活犀牛。马欢写道，犀牛大者有七八百斤，无毛，厚皮上的纹路像癞皮，鼻梁之中有一角。甚至还写到它吃什么，怎么排便，活灵活现，这在当时是很难得的。

宋以后的朝代，大多数中国人已经忘记真实犀牛的样子，有时难免会造成笑话。北宋沈括的《梦溪笔谈》记载了交趾（今越南北部）进献的奇异动物，如牛而大，全身都是大鳞，有一角。这显然就是犀牛。独角的亚洲犀牛有印度犀（学名 *Rhinoceros unicornis*）和爪哇犀（学名 *R. sondaicus*），这两种皮肤上都有许多凸起的小包，好像盔甲上钉着铁钉，被误认为“鳞”，也不是毫无道理的。

当时大多数中国人所见过的“犀牛”，只是作为药材和工艺品的犀牛角（也是稀罕的舶来品），大家面对这奇怪的动物十分困惑。有人以为这是麒麟，有人以为是神兽“辟邪”。也有明白人指出这是犀，但沈括立即否定了：犀牛怎么会有鳞？

明清：各种怪兽齐聚一堂

嘲笑完中国古人的科学水平，也该批评一下西方人的糊涂。古罗马学者老普林尼的 37 卷巨著《自然史》中说，独角兽（unicorn）长着一只很长的黑色角，腿脚如象，尾巴如猪。古希腊的历史学家伊西多尔（Isidore）说，独角兽是可怕的猛兽，能与象斗。这和今天我们在小说、电影里见到的如同白色骏马的漂亮神兽差别很大。显然，最早的独角兽形象，是欧洲人在异国巨兽——犀牛的基础上，加以想象创造出来的。

明清时代，有些西欧人为了传播天主教，来到中国。除了传教，他们也带来西方的地理学著作，包括许多或真或假的动物知识。1602 年，意大利人利玛窦（原名 Matteo Ricci）编绘，中国人李之藻出资印制了一幅大型世界地图，名为《坤舆万国全图》。这幅地图上画了许多动物，有犀牛，也有独角兽。当时的独角兽形象，已经演变了很长一段时间，与老普林尼的“犀牛”有明显的差距，类似今天的“独角骏马”了。于是，早在《哈利·波特》出版几百年前，我们的老祖先就认识了这种神异的动物（虽然不知道它只存在于想象中）。

在利玛窦的时代，西方人对犀牛的认识并不像中国人那样全然“摸不着头脑”。1515年，印度国王送给葡萄牙国王一头犀牛，德国画家阿尔布雷·丢勒（Albrecht Dürer）根据素描和文字描写（他并没有见到真容）制作了犀牛的木版画，在欧洲很受欢迎，广泛传播。画上的犀牛虽然有些错误（背上多出了一个小角），但还是相当神似，短腿、粗壮的身躯，鼻上的尖角和厚厚的皮肤，让人一眼就能认出这是犀牛。

有丢勒的画作为参照，在利玛窦的地图上，犀牛画得相当不错。在他之后，又有几个欧洲传教士带来外国动物的知识，中国人又一次见到了久违的“真犀牛”。然而，又有个小小的问题，天主教徒们未必知道中国字“犀”指的是什么动物。就算你去问古代的中国人，也很难解决这个问题。沈括的例子已经证明，除了马欢这样见多识广者，即使是活生生的犀牛在面前，只见过犀牛角的中国人，也想不起来这个“犀”字。

在比利时人南怀仁（原名 Ferdinand Verbiest）所作的《坤舆全图》（名字跟利玛窦的地图有点像，但其实是另一幅地图）里，犀牛按照欧洲人对这种动物的称呼被直接翻译成“鼻角兽”。这对后人的书籍和绘画，产生了奇特又好笑的影响。

康熙年间编制的《古今图书集成》，可以说是飞禽走兽、天文地理无所不有的“超级百科全书”，里面有四腿又细又长，脑顶独角的中国式“怪犀牛”图，也有模仿外国地图画成的角长在鼻头上的壮硕犀牛图。“怪犀牛”被标明是“犀牛”，模仿西方的“真犀牛”，旁边却写着“鼻角兽”。有了形象逼真的犀牛画，当时的中国人还是不敢相信这个短粗壮实的动物就是他们用来做药、做酒杯的犀牛角的原主人。

乾隆年间宫廷绘制的动物画册《兽谱》，集中了各种现实和想象中的怪兽，有身如小牛的中国“传统”“怪犀牛”，也有模仿欧洲画成的“鼻角兽”（连丢勒的错误——画到犀牛背上的一个小角，都被中国画师照搬了上去），还有像马而独角的外国异兽——独角兽。于是，在清代的中国，犀牛和它的两个“兄弟”——徒有“犀牛”之名的“怪犀牛”，和原型为犀牛却“减肥”成骏马体型的独角兽，合家团圆了。

古生物学家的愚人节

每年的 4 月 1 日是一个让人提心吊胆的日子，本文将给大家带来四个古生物学史上的“骗子”故事，这些骗子的伎俩都不高明，却成功骗倒了很多聪明人。人很容易被先入为主的观念所迷惑,而不管骗局多么拙劣。如果它创造了一种“你的观点是对的”的幻觉，总有一些（看似）聪明的人会受骗。

贝林格假化石：石化太阳和上帝名字

在一期《哆啦 A 梦》的特别节目里，大雄和哆啦 A 梦用垃圾堆里的破烂做成假化石，想开个愚人节玩笑。一位业余爱好古生物的老先生挖出“化石”之后，却万分欣喜，认为这些垃圾都是珍稀的古生物，将成为震动学界的大发现。

这个故事看似荒唐，但在现实中倒可以找到一个极相似的事件。1726 年，在德国符兹堡（Würzburg），教授兼外科医生约翰尼斯·巴多罗买·亚当·贝林格（Johannes Bartholomäus Adam Beringer）出版了一本书，*Lithographiæ Wirceburgensis*（《符兹堡的石版》）。介绍了他在附近山上发现的“化石”。他完全没有察觉倒这些“化石”都出自他的同事之手。

符兹堡大学的 J. 伊格纳茨·罗德里克（J. Ignatz Roderick）和乔治冯·埃克哈特（Georgvon Eckhart），对贝林格自高自大的为人感到不满，想欺骗他一下。罗德里克用石灰石雕成化石的模样，雇了一个 17 岁的少年克里琴斯 · 灿格（Christian Zänger），把它们藏在山上。然后，这个小孩接受贝林格的雇佣，“带领”贝林格把这些假化石挖出来。

“借助”三个人的力量，贝林格发现的化石都是空前绝后的奇特发现。有皮有肉的青蛙，蜂和它的蜂巢，蜘蛛和它的蛛网。他还发现了太阳（不仅有四射的光芒，还有人的脸）、月亮、星星和上帝的希伯来名字（用多种语言写成）化石。传说，贝林格最终发现这是一个骗局，是因为他找到一块“化石”，上面居然刻着自己的名字。这些东西后来被称作 lügensteine，意为“说谎石”。

按照今天的眼光看来，相信太阳光可以成为化石，和相信易拉罐可以成为化石一样傻。但是，考虑任何问题时都不能忘记历史的因素，用今人的知识和观念倒推古人是不公平的。

贝林格一厢情愿地认为这些化石都是真货，固然是太轻信，但他在书中表示了一种开放的态度：他承认自己对这些石头了解甚少，他只提供信息，希望更有智慧的人能参与讨论。为了解开这个“未解之谜”，他愿尽自己的绵薄之力——直到今天，这种态度都可以被称为“科学”。

贝林格生活的时代刚好处在一场古生物学重要争论的尾声。化石到底是生物的残骸，还是矿物里天然形成的东西？当时人对地球的年龄一无所知，也无从知道如果化石是生物，泥土和掩埋其中的生物残骸变成石头需要多漫长的时间。如果化石只是像玛瑙、钟乳石那样形状奇特的矿物，没有经过漫长的改变，地球的年龄就可能很短，像传统的基督教观点所认为的一样。

如果太阳光和上帝的名字，都能成为化石，则化石一定不是埋起来的生物残骸，地球的年龄也不会长久。在贝林格的时代，“化石是否为生物”的争论已接近尾声，但还未结束。他认为这些石头有独特的科研价值，也是合情合理的。

“皮尔当人”：白人的“欧洲祖先”

科学应该是严谨客观、尊重证据的，但科学既然是“人”的工作。就免不了引入种种的主观因素。我讲的下一个假化石案件，同样体现了人的不可靠性。

故事开始于 1912 年，大英自然博物馆地质部的主任阿瑟·史密斯·伍德沃德（Arthur Smith Woodward），收到了好友业余的化石爱好者查里斯·道森（Charles Dawson）的消息。道森声称，他在皮尔当郡（Piltdown）找到一些古人类的化石碎片，有头盖骨，还有下颌骨，这些骨头的“主人”，被称为“皮尔当人”（Piltdown man）。后来，道森和他的朋友，即后来成为科学家兼神学家的法国人德日进（Pierre Teilhard de Chardin）陆续找到了一些“皮尔当人”的骨头和牙齿，还有制成工具的石片，其他兽类的骨头。

令人兴奋的是，“皮尔当人”拥有人和猿的双重特征。它的头盖骨脑容量像现代人，下颌和牙齿的形状却像猿，牙冠磨损的状态又像人。一个介于人和猿之间的“原始人”！

大英科学界欢呼着拥抱了这个发现。伍德沃德和另外两个英国的人类学家，全力投入到“皮尔当人”的研究中去，作为奖励，他们都获封了爵士勋位。古人类的化石一向很稀有，人类起源又是十分重要的科学话题。当时法国发现了不少早期智人和尼安德特人（学名 *Homo neanderthalensis*）的化石，英国人当然会有点不忿。“皮尔当人”的出现，大涨了英国人的“志气”。

“皮尔当人”受到欢迎，也有种族主义的因素，当时在爪哇发现了直立人指名亚种（*Homo erectus erectus*），20 世纪三四十年代，科学家又发现了直立人北京亚种（*H. e. pekinensis*），也就是“北京猿人”。直立人的脑量大约是现代人的 2/3，但“皮尔当人”的脑相当大。如果“皮尔当人”是白人的祖先，亚洲的直立人是其他人种的祖先，足以证明白人从“一开始”就比其他人种聪明。后来的分子生物学证据显示，“北京猿人”和直立人指名亚种都不是智人的祖先，他们的智力高低与智人无涉。但这种表现“白人优越性”的证据，在当时很吃得开。

虽然“皮尔当人”身居高位，关于它的质疑，却一直没停止过。随着古人类的研究越发深入，“皮尔当人”在人类进化史里的位置越来越奇怪。1953 年，科学家终于揭露出它的真面目：“皮尔当人”头盖骨是智人的（确实比较古老，但谈不到“人类祖先”的程度），下颌骨和牙齿是红毛猩猩的，石器是人工制造的。兽骨化石倒是真货，不过是从其他地方拿来的。这是一堆七拼八凑的东西，被伪装成古人类化石的样子。骨头和牙用铬酸盐染过，让它呈现“古旧”的黄褐色，猿的牙齿经过人工研磨，使它像人类牙冠的样子。

这个骗局是谁所做，至今没有人找到答案。有人认为，作案者是道森，也有人认为，是伍德沃德的敌人在陷害他，还有人认为这根本就是一个玩笑，只是后来形势一发不可收拾，所有人都陷入“皮尔当人”的狂热时，始作俑者已经不敢说明这只是一个骗局了。

志留纪微型化石：4 亿年前的蚁人

和“皮尔当人”一样，这个故事也涉及人类的起源，但它只成功骗到了一个人，就是它的发现者。

冈村长之助（Okamura Chōnosuke）是一位古生物爱好者，在日本名古屋研究从奥陶纪到第三纪的化石，包括微小的无脊椎动物和藻类。相比霸王龙或“北京猿人”，这些化石在大众看来，是比较“闷”的，也许就是因为他觉得自己的研究太没有戏剧性，冈村才做出了让他蜚声世界的大发现。

1977 年，他向日本古生物学学会会议投稿，显示了他在长岩山（Nagaiwa Mountain）的惊人发现：一只鸭子，埋藏在志留纪（距今约 4 亿年前）地层里，而且只有 9 毫米长！冈村宣布，这只鸭子应该取代始祖鸟，成为现代鸟类的最早祖先。

接下来，他又发现了微型狗、微型大猩猩、微型骆驼，微型雷龙和微型树，全都是几毫米的大小。它们都是现代生物的祖先，除了体积微小，跟现代生物全无差别。古板的古生物学界坚持认为，志留纪太过古老，有下颌的鱼类刚刚出现，根本不可能有骆驼，更别说微型骆驼了，无人接受他的伟大发现。冈村把这些神奇微型生物的信息，发表在他自己的杂志，《冈村化石实验室的原创报告》（*Original Reportofthe Okamura Fossil Laboratory*）中。

微型生物如此繁多，为什么先前我们都没有注意到呢？可能是古生物学家看得不够仔细，微型生物非常善于隐藏自己。在他的杂志上，冈村展示了一张微体化石照片，它是圆盘形的，好像一圈圈绕起来的绳索。古生物学家一般认为，这是一类原生生物，叫做有孔虫（学名 *Foraminifera*）。而冈村慧眼独具，指出这是一条盘踞起来的微型龙。

冈村还发现了现代人类的祖先。他们只有蚂蚁那么大，具有高度发展的文明，已经学会了煅烧石灰，锻造金属，还能制造艺术品。冈村兴奋地宣布“除了从 3. 5mm 长到 1700mm 以外，人类并没有发生什么变化”。

1996 年，冈村因其非凡的生物学成就，荣获搞笑诺贝尔奖（Ig Nobel Prizes，一个颁发给荒诞滑稽的科学行为的奖项），不过他并未到场领奖。《冈村化石实验室的原创报告》在1986年停止出版，以后再也没有微型人和微型恐龙的消息了。冈村感兴趣的另外一个领域是日本的传说生物野槌蛇（Yokozuchi），也许他转变了研究方向吧。

辽宁古盗鸟：意外出名的化石贩子

《暴龙有羽毛吗?》，这是1999年11月《国家地理》杂志刊登的一篇文章标题。文章报道了一件奇特的“化石”。咋看上去，它是一只半鸟半爬行类的奇特动物，鸟类的翅膀，恐龙的尾巴和后腿，名为辽宁古盗鸟（学名 *Archaeorapto rliaoningensis*）。

《国家地理》主编比尔·艾伦（Bill Allen）得知这件化石的存在，喜出望外，发表了这篇长文，向大众介绍“恐龙是鸟的祖先”这一新知。

没曾想，过不多久，中国古脊椎动物与古人类研究所的博士徐星发来消息给《国家地理》倒了一盆冷水：辽宁古盗鸟是用两种化石拼起来的，它的上半身是燕鸟（学名 *Yanornis* sp.），下半身则是小盗龙（学名 *Microraptor* sp.）。这两种动物都产自早白垩世中国辽宁的热河生物群，辽宁的化石贩子把零碎的化石粘在一起做成了一具假标本。可悲的是，如果没有沦为骗子牟利的工具，小盗龙和燕鸟的化石都有相当高的科研价值。

其实，对化石稍有经验的人，就会发现，古盗鸟的“两条”后腿，根本就是一条腿——同一块蕴含化石的石料，从中劈开之后，你可以得到两块印着化石的石板，称为“正模”和“负模”。古盗鸟的后腿，是同一条小盗龙腿的正模和负模拼成的。另外，古盗鸟的前半身是仰面朝天躺着的，尾巴却是“趴着”的，背面朝天。这具化石不仅是西贝货，造假的技术还不高明。

艾伦科普不成，却背上了欺骗大众的骂名。这里有他自己的原因。“古盗鸟”没有经过学者的详细研究，专业的学术期刊也没有发表过“古盗鸟”的文章供古生物学界讨论。在这时急急忙忙把它公布于众是违反学界规范的。

发现“古盗鸟”的人里有一个是布兰丁城（Blanding）恐龙博物馆（Dinosaur Museum）的馆长斯蒂芬·A. 赛克斯（Stephen A. Czerkas），另一个是得克萨斯大学（University of Texas）的博士蒂莫西罗·娄文（Timothy Rowe）。他们给“古盗鸟”做过 CT 扫描，发觉这具化石是用不同石块拼起来的。这两个人明知化石是假货还跑到《国家地理》那里去“献宝”，这本身就是欺骗行为。

艾伦被赛克斯所骗，赛克斯得到这件古盗鸟是从一个化石走私贩子手里，所以他也是被化石贩子欺骗的受害者。古盗鸟不是第一件造假的标本，也不会是最后一件。辽宁热河生物群出产质、量俱高的化石，化石的非法买卖成为威胁当地化石资源的一个问题。化石贩子比古生物学家动作更快，就像盗墓者比考古学家动作快一样不是什么好现象。珍贵的化石被走私出境，像“古盗鸟”这样“完整”的假化石给古生物研究带来困难。

前面的 3 个故事各有不同，但基本的性质是相似的。用假造的证据，去证明带有个人倾向的观点，而这些观点最后被证明是站不住脚的。“古盗鸟”则不然。“恐龙是鸟类祖先”这一理论已得到广泛承认，中国的化石储量也很丰富，可以提供充分的证据。然而古盗鸟事件的起因，与其说是化石太少，倒不如说是化石太多（然而，管理水平相对落后）。即便有最好的理论，最好的证据也可能被骗子所引导，走上歪路，“古盗鸟”就这样提醒着我们，人是容易被骗的。

动物英雄

大猩猩之死

1978 年元旦，卢旺达，迪杰特（Digit）被发现死在火山国家公园（Volcanoes National Park）。它身中五矛，头、手和脚都被砍掉，心被挖去，旁边还有一条被他击毙的狗。迪杰特是战斗至死的。偷猎者每人只得到 20 美元的报酬。

作为一只东部山地大猩猩，迪杰特魁伟黝黑，有着高耸的头顶和严肃的表情，适合出现在《金刚》那样的电影里。大猩猩是最温和的猿。它们只要能吃到 142 种植物的茎叶和嫩芽就满意了。科学家戴安·福茜（Dian Fossey）从 1963 年开始研究大猩猩，她说，她观察大猩猩 3000 多个小时从来没看见时间长过 5 分钟的战斗。

迪杰特与 13 个同伴生活在一起，首领是成年的雄大猩猩贝特叔叔（Uncle Bert），它的脊背上长着银色的长毛。迪杰特刚成年，已经能和贝特叔叔合作保卫家族了。被 6 名盗猎者袭击时，它正在放哨。迪杰特的家人安全逃走了，然而它因此罹难。随后的夏天，贝特叔叔和它的妻妾之一玛乔（Macho），也为了保护 3 岁的儿子而死。雄性大猩猩是好父亲，雄性大猩猩会抱孩子，给孩子喂食，以及在敌人出现时挺身而出。

目睹这一系列事件之后，福茜于 1978 年成立了迪杰特基金（Digit Fund），现今改名为戴安·福茜国际基金（The Dian Fossey Gorilla Fund International），专用于反盗猎。她自己也经常在国家公园内与助手一起巡逻，拆除陷阱。

一只动物为了另一只动物，尤其是自己的亲属去死，在自然界并不罕见。例如一种叫尖齿大头蚁（学名 *Pheidole dentata*）的蚂蚁，在蚁巢受到攻击时，兵蚁会缠住敌人，即使粉身碎骨，也不后退，为工蚁和女王的逃走争取时间。

一只蚂蚁在牺牲自己时，我可以把它看做一部生化机械，为了基因的延续而自动运转。但是，对于一只人科动物，我无法不去猜测当时是哪些激素，哪些情绪主宰了他的大脑皮层。两种大猩猩——东部大猩猩（学名 *Gorilla gorilla*）和西部大猩猩（学名 *Gorilla beringei*）的基因与我们 98% 相同。它们有喜欢、憎恨、害怕、忧伤、高兴等情绪。

话说回来，我们又有多少理智呢？我们仍然受制于基因设定好的机关，在我们做了正确的事情时（如谈恋爱、吃糖），激素会奖励我们发达的大脑，产生飘飘欲仙的喜悦。在这一点上，我们就是猿。当迪杰特为了拯救自己的亲人，扑向猎人的时候，它有没有感到热血上涌过？有没有一种在人类看来，叫做悲壮的情绪？

1985 年，福茜死在她的工作室里，头颅被砍刀劈开，旁边有她自卫时使用的手枪。没有人知道她的死因，但是以她的性格和行为，有仇人也不在意料之外。她是战死的，而且是为了和迪杰特相同的理由而死。

悲惨的故事就讲到这里。1993 年，比利时人克劳迪亚·安德烈（Claudine Andre）在刚果的金沙萨动物园（Kinshasa Zoo）看到了她平生所见的一只倭黑猩猩（学名 *Pan paniscus*）婴孩，这种猿和我们的关系甚至比大猩猩更近。倭黑猩猩也是感情丰富，大脑发达的动物，失去母亲之后，婴孩会抑郁而死。在此之前，没有人养活过倭黑猩猩孤儿。

那么就让这一只成为第一只吧。安德烈说。

安德烈在刚果成立了罗拉雅倭黑猩猩天堂（Lola ya Bonobo），世界上唯一一个倭黑猩猩的收容所，她为每一只倭黑猩猩找到一个人类的妈妈，随时抱它们，抚爱它们，照料它们。现在这个收容所已经拯救了七八十只倭黑猩猩，大多是被偷猎卖为宠物的孤儿。

生命不仅有吃喝的需求，还有情感的需求，情感的力量甚至可以令生者死，死者生。这个道理适用于非洲所有的大猿，不论是匍匐前进，吃树叶的大猩猩，还是直立杂食的人。

狮子吼

Mapogo的名字来自一家喜欢采取暴力手段的公司，据说这个词是祖鲁语中“无赖”的意思，中文翻译为“坏男孩联盟”。它们是南非的萨比森私人保护区（Sabi Sands Game Reserve）里的一群雄狮，鼎盛时期共有六头。狮子因其骁勇和恐怖，被赋予了太多的意义，坏男孩联盟更是狮子中的恶棍，它们在2006—2010年的时间里称霸一方，捕杀成年长颈鹿，小犀牛、小河马，大量的野牛，还咬死过50~60头狮子，有时还吞噬同类的肉。

其中最老的一头雄狮叫恩格拉拉里克（Ngalalalekha），其他5头是五兄弟。恩格拉拉里克原本是一头流浪狮，在不到两岁时加入了一个叫斯巴达（Sparta）的狮群，当时统治斯巴达狮群的雄狮群叫西街雄狮（West Street Males）。因为年纪小到不足以对雄狮的地位造成威胁，西街雄狮勉强接受了它，在狮群里它经常挨打，过着一种寄狮篱下的生活。但是恩格拉拉里克慢慢成长起来，在西街雄狮年迈过世之后，和它的奶弟，西街雄狮的5个儿子一起接管了狮群。

恩格拉拉里克是一头很大的黑鬃狮，吼声洪亮，鼻梁上布满伤疤，驱走过30只鬣狗的鬣狗群，敢于和大象对峙，还是个捕猎野牛的好手。

坏男孩联盟跟保护区里的许多雌狮交配过。一个叫做沙河（Sand River pride）的狮群，有两头雌狮，5头小雄狮，因为不堪它们的压力而逃出保护区，结果被猎杀，只有一头小雄狮活着，回到坏男孩的领地来。不知出于什么原因，恩格拉拉里克赶走了攻击它的雄狮，让它活了下来，但三个月后小狮子还是死了。

2010年，坏男孩联盟里的三头雄狮在与外来雄狮群的战斗中死去。这帮恶棍虽然叱咤风云一时，如今也在走下坡路了。

把坏男孩们和恩格拉拉里克的故事直白叙述出来，本身就足够吸引人，狮子是狮子，它们天生就是传奇。

科学可以说，目前没有证据显示，这世界上有轮回。但恩格拉拉里克的经历似乎说明，草原里一切的命运都是会重演的，仿佛雨季旱季的更替，太阳月亮的交班。似乎是偶然展现的一个暗示，想要说明某种规则，只是狮子读不懂，我们也读不懂，只见到天地的伟大，命运的多舛。

在非洲草原上，天地如同巨大的陶轮，回转不止，在泥土中塑造出众生，又把众生踏为尘土，它并没有爱或仇恨，只是向前走去。

猎豹奔腾

一般的猫科动物，会静静潜伏在树木草丛中，缓慢匍匐前进，直到猎物近在咫尺时，才全力发动扑击。然而猎豹在一二百米距离外起跑，冲向非洲草原上速度第二的瞪羚，以百千米的直线时速，超过它，击倒它。猎豹身体的各个细节，都显出唯一的目的：这是一部为速度而生的生物跑车，全力一跃 7 米远，在 3 步之内从零加速到时速 80 千米。

然而,演化上的一切成就都伴随着代价。为了增加吸气量,满足奔跑的巨大氧气需求，猎豹的鼻窦扩大，留给犬齿牙根的位置,相应地减小了,所以它的犬牙很小。它的爪也不锋利,因为它们只能缩回一半，从猫科动物独有的武器变成了增加抓地力的“跑鞋”。所以猎豹的武器设备，远谈不上精良，它在与其他食肉动物的斗争中往往落败。

奔跑会产生大量的热，所以猎豹飞奔只能持续几秒钟。否则会因中暑面临生命危险。在草原上，好不容易抓到羚羊的猎豹，经常因为又累又热，被鬣狗、狮子抢去食物。随着我们对猎豹了解的加深，油然而生的情感一种是同情，另一种是鄙夷，如果我们相信进化可以造就“完美”，适者生存即是强者正确。谁也不会想成为猎豹。

猎豹的极速为它招来另一项灾难。历史上，这种动物一直被王公贵族饲养着，在豪富的游戏——狩猎——之中，它们追逐猎物的美丽身姿，成为主人炫耀的资本。印度莫卧儿王朝的皇帝甚至圈养了上千头猎豹，它甚至还千里迢迢来到中国，唐中宗的王子李重润墓里就有猎豹的图画。它的美丽和华贵更不必说。但猎豹在圈养环境中，极难繁殖。人类对野生猎豹的疯狂捕捉，以及对猎豹所生存的草原的破坏，使它的种群大大缩减，濒于灭绝。

猎豹的生存史创伤累累。美国基因组多样性实验室的斯蒂芬·J. 奥布莱恩（Stephen J. O’Brien），却很有信心地说，只要我们停止捕杀并为猎豹留出足够的栖息地，这个物种复苏的希望还很大。他和研究员大卫·韦尔特（David Wildt），检查过人工饲养的猎豹基因，发现这个物种的基因多样性极小。这说明猎豹都是极少数祖先的后代。在它们的生存史上，曾有过一场几乎使猎豹灭族的大灾难，比骄奢淫逸的人类猎杀猎豹更早。根据一些变化较快的基因，我们可以推断，这场浩劫发生在1.2万年前，恰逢最近的一次冰河期。

这个物种表现出的生命力和韧劲，经历多重打击仍然不减。我们也许一开始就误会了猎豹，即使是出于“同情”的态度，去看待这种动物多灾多难的命运，是否也预设了对猎豹的轻视？猎豹不是楚楚可怜的家猫，不需要人类的优待和供养，也不需要同情。

雌猎豹苏比拉（Subira）出生之前，一条后腿被脐带缠住而坏死，不得不切除，动物园曾考虑安乐死，但最后它于1994年被送往香巴拉保护区（Shambala Preserve），直到2006年它还活着。它能跑到56千米的时速。众生都背负着伤痛而仍然存活，3条腿的猎豹，只不过比其他生命更明显一点而已。

永飞不落之鸟

极乐鸟第一次抵达欧洲是在1522年。麦哲伦环球旅行的船队（只剩一艘）返回西班牙时，他们带回了巴特汗岛（Bachian）苏丹的礼物，5张奇异的带着修长华丽羽毛的鸟皮。

在摩鹿加群岛和新几内亚群岛之间，这些鸟皮的交易有数千年历史。群岛上的苏丹用这些羽毛来装饰头巾，新几内亚的原住民把羽毛插在藤编帽子上，制成华丽的羽冠。马来西亚商人称这些珍禽Manuk dewata（神之鸟），葡萄牙人赐名Passarosde Col（太阳之鸟）。我们今天称之为bird of paradise，意为天堂鸟，乐园鸟，极乐世界之鸟。

异国之物永远笼罩着浪漫气息，更何况极乐鸟皮是如此美丽和珍贵。制作极乐鸟皮的时候，切掉了鸟腿和翅膀，欧洲人因此认为，这些鸟没有脚和翅膀，靠轻盈的羽毛悬浮在空气中，永向太阳。它们不沾地上的饮食，只以阳光和天露为生。没有人见过它们活着的样子，因为极乐鸟只有死才落地。

欧洲人首次见到的极乐鸟皮，可能属于大极乐鸟（学名 *Paradisaea apoda*），它的学名是生物命名法的创始人林奈所取，apoda 含义就是无脚。顺便一提，雨燕科的学名 *Apodidae* 也是无脚。雨燕的脚极小，不良于行，所以这个“无脚”是实至名归的。

鸟能飞，因此它超出地上世界，接近更纯净、更空旷、更遥远的天空，这是种种信仰之中神与命运所栖止的地方。在灵与肉中，鸟是接近灵的，在神与人中，鸟是接近神的。永不栖止的鸟,更是高举于一切鸟类之上。它是属于天堂的生物。

对“天国仙禽”的狂热崇拜，也为极乐鸟带来了危机。19 世纪末到 20 世纪初，极乐鸟羽毛和标本装饰的女帽，是极受欢迎的奢侈服饰，每年有几万张极乐鸟皮流入西方国家的大城市，成为贵妇头上的骄傲。在各国合作努力之下，现在极乐鸟的数目回升了一些，但跨国贸易极乐鸟产品，还是受到严禁。

实际上，极乐鸟科（学名 Paradisaeidae）大约 40 种鸟类的珍贵羽毛，并没有托举着鸟进入天国，而是让它们获得人间的情爱。华丽的羽毛是雄鸟求偶的饰物。有些极乐鸟的婚服和求婚舞蹈非常壮观，另一些则非常滑稽。比如华美风鸟（学名 *Lophorina superba*），雄鸟脑后的黑色长羽展开来，形成一个大椭圆，配上胸前的蓝绿色羽毛，于是在黑椭圆中间笑开了一张蓝绿色大嘴。

1857 年，著名的生物学家，和达尔文共同提出进化论的阿尔弗雷德·拉塞尔·华莱士（Alfred Russel Wallace），来到新几内亚阿鲁（Aru）群岛寻觅极乐鸟。他得到了市场上的极乐鸟皮，也没有放过在密林中生活的极乐鸟。当地人告诉他。大极乐鸟求偶的时候，十几只鸟会聚集在一棵大树上，比颜竞色，这时猎人就会在树上搭一个棚子，伺机击落它们。它们太专注于求爱，甚至不会注意伙伴（或许是情敌）的死。大极乐鸟的翅膀下方有一捧纤如丝发的绒羽，在舞蹈时舒展开来就像一朵染上了阳光颜色的白云。

有趣的是，新几内亚的本地人，也有他们关于“永不落地”的传说。他们告诉华莱士，来到新几内亚的商人，乘坐一只无比巨大的船，这艘船永远在海上航行，永不靠岸。南岛的鸟和异域的船都具有漂游不定的性质，是否说明对两个不同地方的人，这两件东西都意味着朝向陌生世界，不知何时能结束的旅行?

多年以后，王家卫的电影《阿飞正传》又一次告诉我们“世界上有一种鸟是没有脚的”，“飞得累了便在风里睡觉”。王家卫的无脚鸟要乘风（想必需要极高的技巧）才能得到稍许的歇息，这显然不是天堂的生活方式，永恒的飞行，不再是高出一切生物的证明，而是居无定所的负累。雨燕没有极乐鸟的华美羽毛，但飞行本领凌驾于众鸟之上，它可以连续飞行 10 个月不落地，而且确实能在空中睡觉。所以它倒是更配得上无脚鸟之名。

南天有一个星座，天燕座（Apus），是以极乐鸟命名。然而中文译名是取“雨燕”的含义。极乐鸟的神话已成为历史。然而，星座极乐鸟的翅膀被系在天上，成为唯一一只永不落地的极乐鸟。

猿之哀

在荷兰汉学家高罗佩（原名 Robert Hans van Gulik）的《长臂猿考》中，转述了《太平广记》446 卷里的一个故事。主角是晚唐官员王仁裕，他养着从巴山捕来的小长臂猿“野宾”。野宾长大之后，变得桀骜不驯，见谁咬谁，只有在王仁裕身为主人的威严下，才稍稍收敛。有一次它竟跑到一名身份显赫的武官的屋顶上,把房瓦一片片拆下来。大官下令用箭射它，野宾身手敏捷，毫发无损。王仁裕想把野宾放归山林，但它被放生后还跑回来，他费了很大力气，才“摆脱”这个野蛮的宠物。

高罗佩在家里养过多只长臂猿，在他读来，这个故事必定有别样的滋味。野宾认识“主人”的能力,惊人的攀爬杂技，适应山林生活的困难，都与他在生活中对长臂猿的认识相符。即使对普通人而言，王仁裕的经历也是一篇迷人的动物小说，人类企图把野生动物收归己有，却在桀骜不驯的野生力量面前丑态百出。不过，野宾故事的喜剧性，很可能掩盖了这只动物生命中的一段悲惨经历。

活捉幼小长臂猿，在冷兵器时代是个非常艰难的任务，因为长臂猿生活在人力不可企及的树冠层，跳跃摆荡，极其敏捷。明人王济曾在广西任官，当地人告诉他，需要 500 民夫把一个独山头的树砍光，才能抓到走投无路的长臂猿。他们可能故意夸大了事实，但足以说明这种动物的难以企及。一个更简单也更残忍的猎猿办法，是杀死树上的雌猿，夺去它怀中的幼猿。直到今天，人们依然用这种方法，猎捕各种灵长目的幼崽，在非法宠物市场上交易（养育几年后，这些慧黠可爱的小猿和小猴，就会变成破坏力极强的野兽），这也是长臂猿面临灭绝危险的原因之一。

宋代周密《齐东野语》记载了一个著名的“孝猿”故事：一个萧姓人买到一只小猿和它亡母的皮，小猿见到猿皮，抱着号呼跳掷，悲痛而亡。周密还提到他父亲在武平的见闻，作为孝猿的旁证：人为饲养的幼猿，睡觉时必须抱着母亲的皮，否则不能养活。

称动物“孝”属于附会，但小猿抱着猿皮的描写颇为现实。幼小的灵长类，不管是猿是猴，都有紧抱母亲的天性。甚至在人身上，都能见到这种本能，刚出生的婴儿竟可以攥着成人的手指，把自己吊起来。

美国心理学家哈瑞·哈娄（Harry Harlow）对这一现象进行过详细的研究。他把幼小的猕猴从母亲身边拿走，给它两个“养母”：一个是铁丝编成的，有奶瓶的“硬”母亲，另一个是裹着绒布的“软”母亲。小猴终日拥抱着“软”母亲，饥饿难耐时，才去吃几口奶。哈娄据此得出结论，对母亲的爱恋，至少有一部分是发自天性的，比如对一个温暖、柔软怀抱的本能渴求。哈娄设计了很多实验来考验“母子之爱”，有些实验相当残忍。比如，他在绒布雌猴体内装上机关，让它能凸出钢刺或者喷出压缩空气，把小猴打伤。小猴不管多么痛苦，都坚持紧抱它的假母亲。因为在受到伤害时，到母亲身旁寻求慰藉，本是理所当然的事。

研究野生黑猩猩的著名科学家珍·古道尔，在野外见过一只丧母的3岁小黑猩猩。它经常发呆，花费很长时间去抓白蚁，却一无所获，仿佛根本不想捕食，只是像机械般重复着单调的工作。因为过度理毛，它的腿和手臂都变秃了（拔毛和过度理毛，是精神病态的灵长类常有的症状）。这个孤儿死于脊髓灰质炎，它是如此憔悴，古多尔认为这是一种解脱。3岁的黑猩猩基本断奶了，也具有很多野外生活的能力，所以它的痛苦，不太可能是身体上的病痛所致。感情对于这些灵长类来说是像饮食一样必不可少的东西。

长臂猿响亮而持久的叫声，在中国文化中评价甚高。猿啼主要的作用是震慑同类，宣布领地的所有权，它的声音嘹亮、单调，极富穿透力。跟鸣禽相比，长臂猿的歌缺少音乐性，却仿佛包含某种迫切的情绪，在世世代代的诗人和旅客听来，那是一种莫可究诘的忧伤。

第 4 章

第五种味道

也谈西红柿

西红柿在中国是个很有地位的“后生”。它位列世界产量最大的农作物之内，在蔬菜里仅次于土豆（土豆同时是粮食，所以这个冠军的位置颇有争议），然而它在国内成名立业，把西红柿炒蛋推上“国菜”位置，大概不会超过 100 年。

早在明代，西红柿已经传入，然而一直被当成花卉，《群芳谱》说它果实鲜丽，“火伞火珠未足为喻”，并没有提到吃。老舍的《西红柿》写于 1935 年，说西红柿“屁味没有，稀松一堆”，只能给小孩当玩具，借着西方文化入侵的东风，山东馆子里才有了“番茄虾夷（仁）儿”，然而只是滴点西红柿汤，没人乐意大口地啃它。

另一段关于西红柿的有名趣事是，1936 年毛泽东用西红柿招待美国记者埃德加 · 斯诺（Edgar Snow），吃法是炒辣椒。领袖还讲了西红柿在欧洲被误以为有毒的趣事，听起来也很难勾起食欲。

西红柿的接受史如此艰难，一个可能的原因是它不能自立。炒西红柿，熬西红柿，无论颜色怎样鲜艳，都像是血光之灾。酸汤烂酱，与“可口”无缘。

发现西红柿和鸡蛋可以建立联系的人，足以彪炳千古。

不知道隔了多久，中国人才蓦然回首，发现西红柿是红得发烫的头牌配角。牛尾有了它精神抖擞，鸡蛋有了它活色生香，肉汤、素汤、鱼、虾、豆腐，排着队等它来增光添彩。中国人的心一下子被西红柿染红了，纷纷表示“不可一日无此君”。北京过去少有大棚菜，老百姓用葡萄糖液的瓶子做西红柿罐头，还有公务员冬天吃生西红柿引起怀疑，被查出经济问题。

最风雅是江浙菜，西红柿烧瓠子瓜毛豆，西红柿扁尖煮小块冬瓜，西红柿质弱色娇女性化，但性子比起清净淡甜的瓜菜，还是要躁烈一些。呆俊萌嫩的张生遇到了红娘，必然多戏。

老舍说西红柿无味，可是冤枉。它的谷氨酸含量特高，因此味鲜，肉里的核苷酸也是鲜味的物质，两鲜相遇，有叠加作用。西红柿遇上牛尾、牛腩，就是烈火烹油，虞姬遇到霸王，红脸英雄与红妆女。牛脂肪肥甘，加上西红柿的酸，汤汁有了深度，醇美如酒。

西红柿煮熟之后稀松，可以说成也萧何。正因为稀松，它具有了极大的可塑性，可以化身汤、酱、汁、粉，形散而神不散，潜居于诸菜之间，贡献其酸、红、鲜、香。香港有一家车仔面店，用西红柿和土豆熬成汤底，味清而且甜，这两样都是蔬菜中鲜味物质含量多者，乍一听寒酸，细想不得不赞其机智。

贵州红酸汤，西红柿和淘米水发酵过，添加种种香料，口味变重，香气也转锐烈，有辣椒之轻狂，无辣椒之苛酷。西红柿即使闹脾气也有分寸，不会从入口到出口，跟整个消化系统抵死缠绵。番茄酱与快餐巨头的关系自不必说，对于不习惯乳酪和异国香料的中国人，也能抚慰游子可怜的胃。西红柿具有国际主义精神。

中国人对“吃”钟情，各样蔬菜都可以入诗文，嫩笋雪藕，春韭秋菘，连笨茄子都凭《红楼梦》狠狠显贵了一把。可怜西红柿寂寂无闻，在文人口中最大的荣耀，也就是陆文夫在《美食家》里所描述充当炒虾仁的盅。

不论如何，西红柿还是很好吃的，好吃到我敢于预言，将来会有许多文豪写它。写这篇文章是为了占一个先机，说不定百年之后，鄙人还能位列“西红柿文学史”的头一名呢。

无用之大用的藜

庄子是自然的崇拜者。他爱一切有活气的东西，野马、虫、鱼、山木，都写得活跃生动，他同情乌龟，崇拜野马，佩服满是瘿瘤的臭椿树，说它是无用之才，才得以保全生命。在植物里，“有用”的种类其实不多。

世界上80%的农作物产量，来自12种作物，其中5种是禾本科：小麦、玉米、大米、大麦和高粱。禾本科可谓是有大用。一万年前刚出现农业的时候，中东人种小麦，非洲人种高粱，南亚人种水稻，我们东亚人种黍子，不约而同地都选择了驯化禾本科植物作为维系生命的食物。禾本科的产物，被尊为“主食”“粮食”，支持着暴增到几十亿的人口大厦。

但说到农业，就不能不提新大陆的文明。跟旧大陆人一样，美洲人也钟爱禾本科（玉米），但他们的“主食”并非只有（禾本科）“粮食”一统天下。藜麦（学名 *Chen opodium quinoa*）在安第斯山脉已经种植了几千年，当地人对它的重视绝不少于旧大陆人对稻麦的。印加人每年开耕，种藜麦的第一锹土，要用金子的工具挖开，收获的藜麦籽，要贡献一部分给太阳神。这种神圣的植物，是藜属（*Chenopodium* spp.）的成员，过去归为藜科，现在藜科被合并入苋科。

藜麦不属于“有大用”的禾本科，但它有自己的优点，甚至正因不是禾本科，它可以填补稻麦的死角。比如，藜麦籽所含的氨基酸,无论是“量”还是“质”,都明显超过禾本科。赖氨酸这种人体必需的营养，在藜麦里很多，但在大多数谷物里很缺乏。20世纪七八十年代,中国生产大量的赖氨酸面包,就是为弥补当时食物单一，大部分营养都来自“粮食”（换句话说，饭勉强够吃，下饭的菜就不能指望了）的不足。

在现代世界里，这种植物也受到喜爱。美国宇航局曾计划在太空船里种藜麦给宇航员吃，因为它营养全面，主食吃藜麦可以用很少几种植物满足人体的需求。联合国甚至把2013年定为“藜麦年”，希望大家关注这种有特殊价值的作物。

另外，苋科的苋属也值得一提。听到这个名字，你就会想起一粒粒被染成漂亮粉红色的蒜瓣儿。中国人把苋属（学名 Amaranthus）当蔬菜吃，还能提取漂亮的食用色素。美洲人驯化了苋属的3种植物，用它们的种子当粮食。苋籽和藜麦一样含有丰富的氨基酸，可以做粥、面包和麦片。墨西哥人把它们烤成超小粒的“爆米花”，加上糖，做成一种叫“欢乐”的点心。

庄子对这些被驯化得俯首帖耳、“人工”气味儿十足的庄稼，大概没兴趣。但他的书也没有遗忘藜属的植物。《徐无鬼》讲隐士的住处，说“藜藋柱乎鼪鼬之径”，藜和藋都是极常见的藜属野草，长得高大，所以说“柱”。因为相似，甚至植物学家都弄混过它们俩：庄子的时代，称为“藜”的草，我们今天称为“杖藜”（学名 *C. giganteum*），庄子的“藋”，则占了“藜”的名字,它还有一个我们很熟悉的名字,“灰菜”（学名 *C. album*）。

这两种植物的叶子有菱形，也有长一点的舌头形，带些小尖角。灰菜嫩芽上带点玫瑰红色，杖藜的红色更深，植株也更大，能长到3米，如果不是纤维质的茎，很像小树。古人用杖藜的杆当手杖。藜属野草的样子不好看。一丛一丛粗大而繁茂，站在地里，油然而生一种荒凉感，然而只让人觉得缺管少教，没有山林莽苍的气势。偏偏它们又很能活，不怕旱，不怕盐碱，因此成为了常见的杂草。

相比它的兄弟藜麦举世瞩目，灰菜和杖藜的待遇就要冷清多了。有人割它来喂猪喂羊，或者摘嫩芽自食，灰菜的英文译名“猪杂草（pigweed）”，可能就是从此而来。然而兽和人都不觉得它特别有营养。庄子在《让王》里说，孔子落魄时，吃的是“藜羹不糁”——杖藜做的野菜汤，老夫子比美国宇航员惨多了。顺便说一句，灰菜吃多了，还可能引发过敏性皮炎。

不好看，价值低，又繁茂众多，庄子说不定很欣赏这种“善于”保全自己的植物。但灰菜真的是“无用”之材吗？在德国的一处沼泽地里，挖出过一具保存完整，两千多“岁”的小孩尸体，孩子胃里发现了灰菜籽。在欧洲和中国的古迹里，也发现过为了吃而采集的灰菜籽。离我们更近的时代，《救荒本草》也有记载，灰菜籽可以做饼。一种植物能够被驯化，说明它有优点，能受到人类的喜爱。比如小麦，种子相当大，富营养，而且可以大片大片地生长，在农业产生之前，我们就靠采集野小麦获得丰盛的食物。吃灰菜籽固然是饥不择食之举，但至少说明它是有潜力的。苋科被人类培养出一种接一种非禾本科的“粮食”，也是一个旁证。

“不龟手之药”能保你大胜越国，高官得坐，也能让你一辈子在凉冰冰的水里洗丝绵，大用和无用未必是三两句话可以说清楚的。

第五味

难以捉摸的味道

古代中国人朴素的认识世界方式，认为一切都与“五”这个数字相关，金木水火土，青黄赤白黑，酸甜苦辣咸。现代医学则认为，辣椒素通过三叉神经造成灼热的感觉。从原理上，“火辣辣”属于触觉。辣被开除在外，于是很长一段时间内，我们认为，人只能品尝酸、甜、苦、咸四味。直到十几年前，科学家们才承认“第五味”的存在。

对此贡献最大的一个人，是日本的化学家兼发明家池田菊苗教授。在1908年，他发现，日本料理经常使用的海带属藻类（学名 *Saccharina. spp.*），含有一种氨基酸——谷氨酸——所形成的盐，它赋予了日式高汤（dashi）特殊的美味。池田菊苗专门造了一个词“umami”（汉字可写作“旨味”），来表示这种奇特的滋味，意思是“美好的味道”。

池田菊苗借由这一发现创制了一项改变世界的大发明，而且名利双收（我们以后还会讲到）。然而，欧美国家的文化传统，并不承认“umami”是一种基础味道。很长时间以来，“umami”一直存在，却在科学界默默无闻。池田教授的论文在日本发表后近百年，才被翻译成英文。

我们对“美味”的评价，是综合嗅觉、触觉、味觉、视觉（有时还有听觉）多方面作用的结果，舌头所能感受的味觉，却是很简单、很单一的。想要从“美味”的综合感觉中，分离出一种味觉信息，并不容易。所以“第五味”被冷落了许久。

人的味蕾长得像洋葱，埋在舌头的表皮下（顺便一提，舌头上凸出的那些小点叫做“舌乳头”，不是味蕾，味蕾是肉眼看不到的）。“洋葱”露出表面的“尖头”，覆盖有特殊的蛋白质，称为味觉受体，这些蛋白质分子与溶解在水中的味道分子，比如糖、盐等拥抱在一起，然后引发一系列反应，将味道的信息传给大脑，我们就尝到了味道。

在2000年人们发现了“第五味”的一种受体，现在已知有三种，这种味道一跃成为科学家的宠儿。不过，西方传统文化里，没有一个准确的词来描述它。美国加州大学的迈克尔·欧马霍尼（Michael O’Mahony）和石井理惠做过一个有趣的实验，他们找了一些人，有的只能说日语，有的只能说英语，让他们品尝这种味道。说日文的人都能找到准确的词来说明“umami”，说英文的人却陷入困惑，只能模糊地说，这是一种像咸味，或者像牛肉清汤的味道。语言可以影响思考。也许正是如此，虽然西餐也使用这种味道，但在美国人看来，“umami”一直难以捉摸。

中国人非常熟悉，也非常喜欢的一个词，可以完美地对应“umami”，描述这种美妙的味道——鲜味。

被骗的舌头

敏感的味觉是长期进化的产物。味道能帮助我们寻觅有营养的食物，避开含毒的食物，有利于生存和繁衍。我们对味道的爱憎都是有意义的。人类喜爱甜味和咸味，避开苦味和酸味。甜味说明食物含有能量很高的糖，咸味则代表人体必需的盐，苦味和酸味则表示有害物质，如一些植物毒素。

能产生鲜味的物质，包括一些种类的氨基酸，如谷氨酸，形成的盐，还有一些种类的核苷酸和有机酸。氨基酸是构成蛋白质的“砖块”，核苷酸也是常存在于动物肌体内的物质，所以，鲜味标志着含有丰富蛋白质的肉食。从这方面来说，中文的“鲜”字来自鱼，又是一个“鱼”加上一个“羊”，倒是比日文的“美好的味道”更接近鲜味的本质。

味觉又是身体的先驱。食物刚一进嘴，通过味觉引发神经系统的反应，就可以告知消化系统，做好消化特定营养的准备工作。比如，尝到甜味的时候，胰脏会释放出胰岛素。本能反应很复杂、很高效，但也很容易被欺骗。吃木糖醇，甚至只用甜水漱口不咽下去，都可以使胰脏开始工作。谷氨酸盐本身并没有多少营养，用谷氨酸盐泡水，喂给老鼠，老鼠的消化系统就会“以为”即将到来的是蛋白质，加速运转。

这种易于受骗的天性，驱使人类发明了许多精美的菜肴和调料，其中最年轻的一种，是谷氨酸和钠的盐——也就是味精。这正是池田菊苗教授的伟大发明，他与企业家铃木三郎创立了“味之素”公司。直到今天，“味之素”都是世界上最大的味精生产商。最早，人们用小麦里的蛋白质提取谷氨酸，在20世纪60年代，出现了更高效，污染也更少的新技术，用善于生产谷氨酸的细菌来制造味精。加一点欺骗人感情的白粉末，方便面的汤就能变得浓郁可口，加了很多淀粉的虾条和火腿肠，也像鲜虾、鲜猪肉一样诱人。

其实，名厨精心调制的靓汤，可以说是历史更悠久，技巧更高超的“鲜味骗局”。日本高汤是一种简单纯粹，到了抽象程度的“鲜味”菜肴，它是用富含谷氨酸的昆布，和富含肌苷酸（一种核苷酸）的干鲣鱼（也叫“柴鱼”“木鱼花”），在60~65℃的热水里萃取制成的。谷氨酸盐与核苷酸混合在一起，鲜味会大大提升。这种汤只要很少的材料，就能产生强烈的鲜味。

中餐和西餐里的高汤，成本更高，成分也更加复杂。肉和骨头经过长时间熬煮，鲜味物质溶解到水里，蛋白质被分解，又产生了更多鲜味物质。最后，肉变得索然无味，粤语称煲汤的残肉为“汤渣”，似乎暗示它已经失去价值。其实，大多数的营养物质，比如蛋白质，仍然存留在肉里。

鲜美佳肴与黑暗料理

在粤菜里，和“靓汤”可以并列的鲜味烹饪方法是“白灼”，前者是技巧和人工的展现，后者追求天然，呈现本味。

海中特别盛产让人流连忘返的“白灼”美味。这些动物在肉体中就把靓汤调配好了。海水的含盐量是3%左右，而生物细胞最合适的矿物质（其中包括盐）含量大约只有1%，水分会从细胞的“稀”溶液里渗出，进入外面海水的“浓”溶液里，也就是所谓的“渗透压”。海生动物的细胞里，含有大量的氧化三甲胺和氨基酸，增加体液的浓度，以防变成咸鱼干。这些氨基酸就是鲜味的来源。

贝类和甲壳类（虾、蟹等）体内除了氨基酸外，还有比鱼类更多的盐。虾蟹有一项额外的优惠，它们体内的氨基酸中，很多是甘氨酸，顾名思义，这种氨基酸不鲜，是甜的。总之，它们集合了人类钟爱的各种味道，配得上张岱在《陶庵梦忆》里的最高赞誉——“不着盐醋，五味俱足”！

海里的动物死后，氧化三甲胺会转化成有恶臭气味的三甲胺，也就是我们熟悉的“臭咸鱼味”，变成不堪入口的东西。

海鲜的美味如春光般短暂，这使我们再次开始思考，中文之“鲜”隐藏的含义。它是新鲜的、罕见的，因此显得格外宝贵。

光阴留不住，但我们有很多办法为鱼虾的鲜味延寿。日本高汤使用的干鲣鱼就是一个好例子。先用盐把鲣鱼肉煮熟，用木头烧烟，熏制十来天，让它的含水量降到 20%。然后把鱼块放进温暖的房间里，让它发霉，长满霉菌之后，把鱼肉拿出来晒干，再放回去，继续培养。如是重复多次，耗时一两个月，干鲣鱼才能制成。在这个过程中，鱼肉的蛋白质分解，产生味道鲜美的核苷酸与氨基酸。日本厨师使用特制的刨刀，在硬得像木头的鱼块上，削下薄薄的小片，除了调汤，还可以洒在菜肴上做调味品。

鱼露和虾酱是我们更熟悉的鲜味海鲜制品。不仅中国人喜欢虾酱，许多东南亚国家，也会制作这些气味独特的佳肴，另外,韩国泡菜里也添加有鱼露。它们的制造原理跟鲣鱼相似，都是分解蛋白质来产生鲜味物质。但鱼露是在露天晒制而成，鱼虾体内含有天然的酶，活的时候用于消化食物，死后就开始分解自己。早在公元前 5 世纪，古罗马人就会制造类似鱼露的调味品“鱼酱”（garum），视为珍馐。不过，蛋白质分解的过程，也是鱼虾腐败的过程，古罗马规定城市周围不能制造鱼酱，因为实在是太臭了！

最极端的一种做法，是把鱼和少量的盐密封起来，让鱼体内的酶分解蛋白质。在这个过程中,乳酸菌会产生二氧化碳，把装鱼的罐子撑得满满的。一旦开启，在强大的气压推动下，积攒的恶臭物质一涌而出。这就是著名的世界最臭食品——瑞典鲱鱼罐头（Surströmming）。银鳞闪闪的鲜活生命，变成了黏液喷溅，尸臭袭人的怪物，在这恐怖的景象之下，大多数人都不会注意它鲜不鲜了。

真味何在

1968年，一个名为郭浩民（Ho Man Kwok，粤语音译）的中国移民医生在《新英格兰医学期刊》（*New England Journal of Medicine*）上发表了一篇短文，报告了一个奇怪的现象：有人吃过中餐馆的菜感觉不舒服，出现了一些症状，如心悸、口渴、脖子后面有麻痹感。他认为这是中国菜大量使用盐和味精，让人吃进了太多钠导致的反应。期刊的编辑称之为“中餐馆综合征”（Chinese restaurant syndrome）。由此味精背负上了恶名。科学家和医生对于味精的危害性，非常在意，因此味精也成了食品添加剂里，被检查得最彻底的一种。

结果相当令人放心。对老鼠的实验显示，味精只有在用量非常大的时候——相当于人类每天吃一斤（可怜的老鼠）——才会出现不良反应。钠是人体必需的电解质，谷氨酸也是生物体内常见的天然化学物质，神经细胞利用谷氨酸来传递信息。而且，含有谷氨酸的食物很多，许多国家的烹饪方法都会使用谷氨酸。怪罪中国餐馆是不合适的。

可能有少数人对味精分外敏感，但这不足以证明味精有毒。有的人对花生或者虾里的某些成分过敏，或者无法消化小麦面筋里的蛋白质，这不能证明面筋对大多数人是有毒的。许多权威机构，例如联合国粮农组织，都把味精评价为安全的食品添加剂。世界上本没有百分之百无害的物质，像味精这种程度的“安全”，已经是相当令人放心的了。

味精之所以引起这么大恐惧，也许是因为它是一种代表着“化学”“工业”的“现代产品”，它的来源和成分，对大多数人是陌生的。科学的进步，让我们日常所接触的事物，越来越超出一般人的知识范畴，对于未知，而且确实存在危险的东西感到恐惧，是再正常不过的。但应该知道，帮助我们克服恐惧、安全使用味精仍是科学对这个世界的理解，而不是盲目地反对。

但无可否认的是，味精本身的味道并不佳。谷氨酸钠只有在一定的浓度下才会产生美味，单吃味精是很恶心的。几乎所有生物体内的鲜味氨基酸和核苷酸，都保持在一个相对低的浓度，让我们的舌头欣喜，又不会多到腻味，仿佛水底之鱼，你知道它的存在，又难以捉摸。池田菊苗说过一句很具智慧的话，如果世界上没有比胡萝卜更甜的食物，我们对甜的定义，也会和鲜味一样朦胧不清了！

鲜味之所以受到喜爱和珍视，可能也是因为它的稀有性。鲜味是如此生动，如此微妙，在味精的时代之前，它总是多多益善，需要名厨用精细手法伺候，才能把神秘的“第五味”请到桌上。味精剥夺了鲜味的稀有性和奢侈感（白糖对甜味做了同样的事），让它进入寻常百姓家变成一种平凡、俗套、廉价的生活必需品。虽然味精对人身体的影响微弱，但在人的精神（饮食文化）上，它可以造成一场变革。

食肉者不鄙

《礼记》规定，猪牛羊三牲是供给天子的日常饮食，诸侯平时只能吃羊肉，大夫可以吃猪肉和狗肉。当时多数家禽和家畜都用粗饲料喂养，四处走动，如果是牛和马，还要承担体力劳动。这种辛苦的生活方式，很难长胖。肉食之稀少，导致“食肉者”的奢侈。煮肉和盛肉的容器，甚至成为代表王权的国之重器——鼎。

僵尸与牙齿的斗争

现代工业和农业的进步，使粮食产量大增，可以用精饲料集中喂养牲畜，肉食的“贵族”意味不再。然而，在今天，我们承认自己“爱吃肉”的时候，还是会油然而生一种莫名的豪气。这大概是因为肉本身具有矛盾的属性，它与死亡有着直接的关系，又是物质享受的象征，这也让它成为食物里特殊的一类。例如，鲜嫩的牛排和发黑的死尸具有密不可分的联系。

生肉非常坚韧，我们的牙齿和负责咬嚼的肌肉，跟大多数兽类相比，都弱得可怜。所以，烹调肉食一个重要的目的，就是为我们的牙齿提供方便。“嫩”是我们对一块好肉的要求。一块白斩鸡或牛排的“嫩”,是柔软而致密,紧密相连又不抵抗牙齿。

东坡肉的“嫩”则是松软、一拨即散，瘦肉纤维呈现如厚织布的漂亮纹理。这两种口感得自完全不同的烹饪原理。

在60~65℃的温度下，动物肌肉里的水分会大量外流，而蛋白质紧密地联系在一起，变得又硬又干。所以好牛排要夹生。如果温度升到70℃，捆绑着肌肉纤维的胶原蛋白，就会开始融化成为果冻般的胶质，肌肉纤维像一捆绳子般散开来。温度太高会加速肌肉的失水，所以东坡肉的做法是文火慢热，让温度足以融化胶原蛋白，又不至于让肌肉纤维变得干硬。

从烹调之前着手，也可以改善肉的质地。现代食品工业常用“湿熟成”的办法处理生肉：把屠宰好的肉包上塑料膜，在运输过程中，随着时间推移，动物体内的酶，会分解肌肉的蛋白质，让肌肉纤维松散开来，变得柔软。跟很多人想的不一样，肉并不是越新鲜越鲜嫩的。

还有一种“干熟成”,就是直接把野味和巨大的牛肉块（有时甚至是半头牛）挂起来放置在比0℃略高的温度下。这个过程很长，处理中的肉块看上去很可怕，表面会长霉（当然，霉菌是不能吃的）。如果是牛肉，干熟成的过程会长达两个星期，牛的肥肉主要是饱和脂肪，不容易产生“酸败味”，也就是俗称的“哈喇味”，所以它可以放很长时间而不臭。熟成不仅让牛肉变嫩，还能增加它的风味。所有生物体内都含有名为“三磷酸腺苷”的物质,简称ATP。在动物死后,ATP会逐步被分解，产生有鲜味的肌苷酸。另外，长时间放置，脂肪也会被分解成脂肪酸，具有特殊的香味。

干熟成是西方传统的处理方法。张爱玲在《论吃和画饼充饥》中，用嘲讽的语气写道，西方人为了肉嫩，居然把它放到发臭为止，中国的留学生见之蹙眉。然而，美国生态学家兼科普作家奥多·莱奥波德（Aldo Leopold）对熟成的描述，却是精美如诗，吃野果长肥的野鹿，必须挂在树上，经过“七次霜的冷冻”和“七次太阳的烘烤”才能成为大地丰饶的象征。这是一个显示文化差异的例子。

因为成本高（熟成过程中，牛肉的水分会流失，使重量下降，还要丢弃发霉腐烂的部分），现在用干熟成方法的一般都是昂贵的高级肉。缔造上品牛排的过程，其实就是让一具僵硬的死尸变得不那么僵的过程。

爱吃肉的大脑

除了眼镜猴（几乎只吃昆虫）以外，人是猿类和绝大多数猴类中，食肉最多的种类。黑猩猩非常喜欢吃肉，会猎杀猴子或羚羊，不过，它们开荤的次数并不多。平均而言，每头黑猩猩每天只能吃到 27 克的肉。相比之下，博茨瓦纳（Botswana）的昆族（Kung），以狩猎和采集为生，他们的食物中，平均 40% 的热量来自肉，在狩猎旺季，甚至可以高达 90%。

可以说，人是嗜好吃肉的猿。吃肉甚至在我们的进化史上具有非凡的意义。1966 年在芝加哥大学举行的一个人类学会议，名为“人，狩猎者”，讨论了在人类的进化史上，狩猎和食肉的重要作用。

大多数灵长类的食物都含有大量纤维素和木质素（草、树叶、嫩枝等）。为了消化这些粗粝的食物，它们进化出了很长的肠子和巨大的胃囊，胃里生活着特殊的细菌，可以分解纤维素，提高食物的营养价值。很多灵长类，虽然四肢苗条（金丝猴），或肌肉健美（大猩猩）并不肥胖，但身材还是很臃肿，腹部很大，因为它们的胃肠体积太大了。

人类需要食肉，主要的原因是为了供养我们的巨型大脑。大型的猿，比如黑猩猩的脑容量是 350~550 毫升，而我们的脑容量在 1200 毫升以上。神经元耗能非常厉害，安静不动时，大脑要消耗人体能量的20%~25%。换句话说，大脑是个很“烧油”的器官。我们必须找到高质量的食物才能“供得起”高耗能的大脑。

另外，节约开支也是增加大脑供能的一个办法。人类学家莱斯利·艾洛（Leslie Aiello）和彼得·惠勒（Peter Wheeler）比较了人和其他动物的内脏，人的心、肝和肾，都和同等身材的哺乳动物差不多大，但肠和胃只有普通动物的40%。内脏也是耗能很大的器官，肠胃小就能节省下许多能量。所以，人类虽然顶着一个大脑袋，耗能却不算很多。但这也限制了我们的消化能力，不能像其他猿猴那样吃草为生，只能处理一些容易消化、营养丰富的食物。

虽然我们今天都知道，“聪明”在人类生存史上的价值。但没有足够的营养，消耗极大的巨型大脑对我们只是累赘，不是助力。所谓“不饱，力不足，才美不外现”。人类的祖先放弃粗糙的草食，选择容易消化、能量密度高的肉，以及植物比较“精细”的部分如果子、块根，“养得起”强大的大脑，大脑强大的认知能力才能成为演化上的优势，帮助我们在自然选择中取胜。

石器和烤肉创造人

我们如何证明人类的祖先吃过肉呢？石头可以提供一些证据。最原始的石器，是用石头相互敲击，由此砸落下来的石片边缘非常锋利。这东西看似简单，但要准确、耐心地敲打石头，制造石片，是相当困难的，需要一种比普通的猿更高的智力（目前还没有黑猩猩成功制造过石器）。有了石器，就可以在动物尸体上剥皮割肉。

举个例子。肯尼亚北部的卡拉里（Karari），在一个代号为“50

号”历史约 150 万年的考古发掘点，科学家找到了很多史前人类制造的石片，以及许多碎骨头，有羚羊骨、河马骨，还有鱼骨。在骨头发现了石片划割的痕迹，说明被人类“光顾”过。还有一些大骨头被石头砸成碎片，很可能是为了取得富含营养的骨髓。

这些骨头的不幸主人，有一些可能是被早期人类猎杀的，也有一些可能是其他食肉动物的牺牲品。在“50 号”地点，我们发现，一些没什么肉的骨头上，也有许多石片切过的痕迹，这可能是猛兽的“剩饭”。另外一些考古发现，则显示我们的祖先曾处理整只的动物，这就很可能是被人类所杀死。

相比茹毛饮血，烤肉当然是人类饮食史上又一个进步。英国灵长类动物学家理查德 · 兰厄姆（Richard Wrangham）提出了一个假说：吃熟食在人类进化中，发挥了很大作用。兰厄姆相信人类最早用火的时间是 160 万年前，这个时间比科学界一般的观点早许多。不过，因为古人类点火的遗迹很难存留，我们现在还无法证实烤肉是何时“发明”的。

无论是生肉，还是植物的块根、块茎，烧烤之后质量都会提升一个等级。烹调不仅改善口味，也将肉和素菜变软，变得更容易消化、更营养。对于我们软弱的嘴巴和消化系统，是再好不过的。160 万年前，我们祖先的大脑在迅速扩大，（当然）需要许多能量，假如兰厄姆是对的，熟肉熟菜的丰富营养，曾为大脑的进化作出重要贡献。

兰厄姆进一步猜想，为了保护珍贵的火种，原始人类必须分工。女人采集植物性食物，烧烤块茎，防备火焰熄灭，男人狩猎大型动物，随后将猎物带回“营地”。于是，火堆把人群联系在一起，围绕着烤肉，社会和家庭的雏形诞生了。在人类这个物种的历史上，食肉者不鄙，甚至可能前途无量！

肥腰子、雪花牛和冰激凌
——非健康食品的那些事儿

肥腰子：珍贵的饱和脂肪

根据古希腊诗人赫西俄德的记载，普罗米修斯曾把宰好的牛牲分成两份，让宙斯来选祭品。一堆看起来是肥肉，另一堆是肉和皮。宙斯欢天喜地地拿起一块牛板油，却发现下面都是骨头。由此可见，宙斯也喜好垃圾食品。

在历史上很长的时间里，动物脂肪都被当成难能可贵的美味。在古埃及的壁画上，可以看到牛、羚羊等动物，被拴在狭小的圈里，饲以精料（可能是大麦之类），尽力让它们长胖，以得到肥腻的牛肉和油脂。这些大概是王公贵族专享的奢侈品。

狂热于“健康食品”的现代人，把动物脂肪视为大敌，牛和羊的脂肪更是让人退避三舍。反刍动物胃里的细菌，会把植物里的不饱和脂肪酸转化为饱和脂肪酸，所以牛、羊等动物的肥肉里饱和脂肪含量特高，而饱和脂肪会提高血胆固醇，导致心血管疾病。一般而言，饱和脂肪的熔点比不饱和脂肪高，也就是说，我们平时看到的牛、羊油，要比猪、鸡油更“硬”，更容易凝固。孔颖达注解《礼记·内则》“凝者为脂，释者为膏”，《说文解字》又有“戴角者脂，无角者膏”的说法，作者观察生活非常准确。

如果生物体内的饱和脂肪太多，在低温下就会凝固，而绝大多数跟脂肪有关的生化反应，都需要脂肪保持液态。因此出现了一个有趣的现象：你可以根据动物油脂里饱和脂肪与不饱和脂肪的比例来判断它的生活环境，甚至它某一部分的体温。蹄子是动物身上最冷的部位之一，因此被“分配”了格外多的不饱和脂肪，从牛蹄里煮出来的油在室温下仍是液体。相反，饱和脂肪最多的肥肉，就是深藏体内，暖暖和和的内脏外脂肪组织，也就是“网油”。裹着一层肥油的羊腰子，烤得嗞啦作响，可以对你的心血管造成会心一击。

雪花牛：越肥越好?

一块肉味美与否，脂肪起到相当大的作用。脂肪细胞把结缔组织和肌纤维分隔开，在烹饪时脂肪细胞所流出的油又可以起到润滑的作用，所以“肥”对“嫩”的贡献甚大。经过加热，脂肪又能释出多种有香味的物质，更进一步增加了风味。现代人仍保留着古人对饱和脂肪的迷恋。不过，不是肥腻的板油，而是红白错杂细致的肌间脂肪。我们给它起了美丽的名字，“霜降”“雪花”和“大理石纹”。

美国的牛肉质量标准于1927年制定，主要考察两条，成熟度（年龄）和肌间脂肪的含量。最上品的，是幼龄、肥嫩，密布着大理石般肌间脂肪的牛肉。日本评价牛肉肌间脂肪的标准竟然多达12个等级，名闻遐迩的“和牛”，肌间脂肪组织的含量可以达到40%。

想要优越的肌间脂肪，首先牛要肥。牲畜育肥的基本原理，仍然是古埃及人的那一套：减少活动，多喂高热量的谷物（还有重要的一个步骤是阉割）。“实际上，美国人如此看好“大理石”，一个主要的原因，就是20世纪20年代，美国牧牛业想推动人们消费谷物饲喂出来的肥牛，而不是淘汰下来的奶（瘦）牛。

他们大肆宣传富含脂肪的“大理石”牛肉之美味，同时诋毁瘦牛肉的名誉（万恶的资本主义）。不过，随着人们越来越偏爱低脂饮食，在1965年和1975年，美国农业部不得不改变标准，让瘦一点的牛肉也进入“上等”行列。

奶油：搅拌出奇迹

另一个比较易得，也更常见的牛油来源是奶油。牛奶中悬浮着许多脂肪的微滴，外层包裹着磷脂和蛋白质，作为乳化剂防止它们粘连。生奶在桶里放上半天，这些小油滴就会浮到表面上，这就是原始的鲜奶油。不过，比拿来涂蛋糕的奶油稀薄得多（脂肪含量约20%）。现在一般使用离心机从牛奶里“摇”出奶油。鲜奶油的“基础”是水，里面饱含大量油滴，所以有一种非水又非油的、细腻轻软的口感。

黄油是将浓稠的鲜奶油不停搅拌制成的。在搅拌过程中，小油滴会被打破，相互碰撞，汇合到一起，变成一团团的脂肪。因为饱和脂肪含量高，大团的脂肪在常温下保持固态，可以像揉面那样“捏”到一起，最后得到的，就是结实成块的油脂。黄油的脂肪含量超过80%，它的结构与奶油恰恰相反，以油为“基础”，其中散布有极小的水滴。

鲜奶油蛋糕的保质期只有一两天，黄油却可以放上一两年，因为奶油是“水包油”而黄油是“油包水”，细菌无法离开水生存，所以黄油对它们而言，是一个沙漠般的环境。

搅拌奶油得到的另一种产品更加诱人。冰激凌是冷饮的皇后，和棒冰、刨冰之流不同，它的制作格外费力，也因此格外甘美顺滑。在冰冻的过程中，冰激凌里的水分会凝结成冰晶，搅拌得越多，冰晶越多越细小，让冰激凌的质地滑溜细腻。如果你太懒,冰激凌里就会满是咯吱咯吱的冰渣子。另外，搅拌还让空气进入冰激凌，使它变得松软，而不是冻成结实的一坨。特别疏松的冰激凌，空气可以占到一半的体积。

“二战”时期，美国空军发明了战斗机造冰激凌法，把冰激凌原料装在有桨叶的罐子里，挂在机翼上，飞行的强劲气流推动罐子旋转，在高空的寒冷将它冰冻的同时完成最充分的搅拌！

天生话痨

猩猩能言?

人之所以异于禽兽者，几希！自从达尔文证明人类是动物的后代，我们一直在努力证明人与动物的距离并非不可跨越的鸿沟。我们有的那些东西，动物也应该有。比如，我们会说话，动物也应该禽有禽言，兽有兽语。

毫无疑问，我们毛茸茸的朋友有许多办法跟同类，甚至跟我们交流信息。黑长尾猴（学名 *Chlorocebus pygerythrus*）在不同的食肉动物——比如豹子、蟒蛇、雕——来袭的时候，会使用不同的声音向同伴报警。一只名叫亚历克斯的灰鹦鹉（学名 *Psittacus erithacus*），以聪明闻名于科学界，它可以回答科学家的问题，比如："这块树皮是什么颜色的？"

为了让类人猿说话，科学家做了各种各样的尝试。从 1960 年，比阿特丽斯·加德纳和艾伦·加德纳夫妇（Beatrice Gardner 和 Alan Gardner），就开始教一只名叫瓦舒（Washoe）黑猩猩使用美国手语，他们宣称，瓦舒的成绩非凡，它能使用 130 个单词，造 4 个单词的句子。康吉（Kanzi）是一只倭黑猩猩（学名 *Pan paniscus*），黑猩猩的近亲，研究人员甚至为它准备了特制的电脑，让它用按键跟我们谈话。

不过，瓦舒对语言兴趣缺乏。它使用手语，只是为了要东西（比如吃的），或者吸引科学家的注意。我们都知道，人类的小孩总是叽里呱啦，想到什么说什么。即使我们都烦了也不停，黑猩猩从来不会告诉你，它在想什么，或者它看到了什么有趣的东西。人类天生爱语言，热衷交流，相比之下，黑猩猩只把语言当成敲门砖，来换取奖励，它根本不想跟人聊天。

黑猩猩即使学会了一些单词，组句的能力也极其欠缺。如果瓦舒想要科学家给它搔痒，它会说“我、你、搔痒”或者“你、搔痒、我”。它没有一种把词以适当的顺序排列，表达不同的意思的能力，换句话说，黑猩猩没有语法。

小说家汪曾祺讲过一个颇具黑色幽默的故事：抗战时期，西南联大的学生有义务给美国援军做翻译。一个学生搞错了主动和被动，把“日军包围了我们”翻译成“我们包围了日军”，美空军因此错炸中国军队，也为翻译带来了杀身之祸。由此我们可以知道语法的重要性。将有限的词汇，按照一定的规范组成句子，就可以表达无穷多，无尽复杂的意思。这是语言之所以成为语言的关键因素。语法规则使得人类信息交流能力突飞猛进，凌驾于一切动物之上。我们可以学习石斧的制法，读小说，写诗和阐述相对论。

更有甚者，加德纳夫妇手下一名先天失聪的研究员透露，为了让研究成果足够“惊人”，他们把黑猩猩的许多动作，都强行理解成手语，胡乱比画也算在内。听力正常的人，有意无意地轻视了手语，以为它只是打手势表达意思而已，但手语其实是有复杂语法结构的语言。真正的手语使用者才知道，黑猩猩的手语能力根本不足以称之为语言。黑猩猩是人类近亲并没有错，但现存所有非人动物的交流方法，都算不得真正的语言。

小破孩是语言天才

很多人都会有同样的感触：学习英语，是一项消耗心血的艰巨工作，尤其恐怖的是语法，主动、被动、时态、复数、主语、谓语……我们使用中文的时候，却几乎注意不到语法的阻碍。诗人余光中说，中国人不在乎语法，我们把精力都用到作诗的游戏上了。

关于“汉语难学”的笑话那么多，中国人不可能真的没有语法。余光中觉得汉语没有语法，其实是因为我们学习母语的时候年纪小。

婴儿和幼童跟语法有一种天然的亲和力。在学习语言方面，任何人、动物和人工智能都比不上普通的小孩。几个月大的婴儿已经开始咿呀学语，1 岁时从周围人的交谈里学习字义，到了 1 岁半就能使用 3~50 个词了，同时也发展出了一些理解语法的能力，两岁半，能够说 3 个词的短句。此后小孩的语言能力突飞猛进，3 岁小孩使用语法的复杂、熟练和顺畅程度，足以使一切黑猩猩、鹦鹉、电脑程序和成年人汗颜。

更惊人的是，小孩可以自创语法。语言学家德里克·贝克顿（Derek Bickerton）研究了夏威夷的语言变化。20 世纪初，这里聚集了很多不同国家的劳工，他们发展出一种简单的通用语，以供交流，没有固定的语序，句子很短、很简单，没有时态。我们把这样简陋的语言叫做“洋泾浜”（Pidgin）。等到夏威夷工人的第 2 代出世，原始语言就有了质的飞跃。小孩把洋泾浜当作母语学会，然后发展出复杂的语法规范，变成更复杂的、表意更清楚的语言。这时，它就改名叫克里奥尔语（Creole）。

另一个克里奥尔语的例子，发生在中南美洲。尼加拉瓜直到 1979 年才有聋哑学校，学生们为了互相交流，发明出一种笨拙、语法不完全的手语，也就是手语中的“洋泾浜”。幼儿学会这种手语之后，它就脱胎换骨了，具有了复杂的语法，表现力很强，小孩可以用它讲故事、聊天。

新语言的诞生，在历史上显然发生过很多次，尤其是曾成为殖民地的地区。因为残忍的贩奴行为，来自天南海北的人被强行聚集到一起，他们需要一门共用的语言。巴布亚新几内亚的官方语言，就是一门克里奥尔语。

《魔戒》的作者J. R. R. 托尔金（J. R. R. Tolkien），为他虚构的世界创造了一门“精灵语”，他的才学受到全世界粉丝崇拜。一个3岁小孩不会自己穿衣服，还会把尿撒进裤子里，但所能完成的功业却比托尔金还要伟大。

如果这是一篇宣传“国学”“孝道”的文章，我会把小孩的神奇能力归功于父母苦口婆心的教学。然而这（当然）是恬不知耻的谎言。能够把宏大的语法规则了解透彻，再灌输给认知能力极为有限的3岁小孩，这世界上没有人能做到。更何况，即使我们不刻意跟小孩说话，他们只要能听到身边大人说话，就会自动开始学语。

小孩的语法是一种内禀的能力，一种“本能”，像鱼会游泳、鸟会飞一样。虽然我们有了智慧，可以通过理性去了解语法的规则，但成年人不能像小孩那样，如鱼在水，顺畅自然地运用它、发明它。

我有意否认父母之心的重要吗？并没有。创造一个合适的环境，让小孩可以学习语言，以及学习本身都是重要的。小孩学习语言能力的黄金时间，是1岁半到6岁，如果在这个时间段没有接触过语言，语言能力（尤其是语法能力）就会受到无法治愈的损害。

1970年，在洛杉矶发现了一个叫吉妮（Genie）的13岁女孩，从小遭受虐待，禁闭在房间里，没有机会学说话。逃出这个可怕的家庭后，经过康复训练，她的智力有了很大提高，但说话的能力仍然很差，她几乎不能理解语法，不会英文里基本的问句和否定句。语言像一朵奇花，在一定的“季节”里开放，而且过了这个时间就会凋谢。

说话器官和语言基因

1861 年，巴黎的外科医生保罗 · 布洛卡（Paul Broca）遇到一个奇怪的病人。他的发声器官完好，却不能说话，只能发出“唐（tan）”这个音。这个不幸的人不久因败血症而死，布洛卡医生得以检查他的脑，发现左脑的额叶（人类大脑中最大的一部分，位于大脑前半部，相当于额头的位置）上有严重的损伤。

为了纪念布洛卡医生，这个地方后来被命名为布洛卡区（Broca’s area）。后来的发现证明，布洛卡区对语言能力至关重要，这里受伤（例如因为中风）的病人，会出现一种奇特的失语症：具有发声能力，可以说单个的字，智力正常，能理解字的意思，但说话的能力受到很大损害，语言支离破碎。

最值得注意的是，这些病人失去了语法能力。他们可以回答“锤子能切东西吗？”这样的问题，说明他们了解字义，但他们不知道“我们被日军包围”是谁包围了谁，因为这个问题要靠语法解决。

紧邻着布洛卡区的，是维尔尼克区（Whernicke’s area），如果这里出现病变，病人的症状和布洛卡区受伤正相反：可以流利地讲话，语法大都正确，然而所说的话，都是没有意义的废话。也不能听懂别人说的话。他们仍保留语法，却失去了语言的“意义”。

人脑里有天赋的“语言区”，就像鱼有尾鳍，鸟有翅膀一样，布洛卡区和维尔尼克区是我们掌握语言能力的“硬件”条件。

我们还可以上溯一步,去观察铸造出“语言器官”的背后推手。

另一种失语症名为特殊语言损害症(Specific Language Impairment, SLI)。这些病人会说话,智力正常,但很慢,很吃力,语法甚至不及4岁小孩的水平。

我们可以通过实验来了解这些问题。“wug 测试”是一种检验小孩语法能力的方法。给小孩看一些虚构的小怪物的画,它们都有编造出来的名字,比如“wug”。然后再拿出一张有两个“wug”的画,讲英语的4岁小孩会说,这是“wugs”,这表示他们掌握了“复数后面加S”的语法规则(小孩不可能是从别人那里学会了“wugs”,因为这个怪物是生造出来的,别处看不到)。讲英语的SLI患者看到“wug”,却要迟疑再三,用不同的字尾试验,费很大劲才说出“wugs”。他们不是不会语法,而是无法像小孩子那样运用得轻松自然。

从这方面来看,SLI患者倒是跟母语非英语的人,更有“共同语言”。大多数中国人学英语时,年龄已经太老,丧失了和语法亲密融合的能力(汪先生的中文水平有目共睹,可是他的英语,跟乌龙翻译也差不多)。而SLI患者不论老小,都不具备这种能力,你可以把他们看做没有母语的人。

SLI是一种遗传性很强的疾病,同卵双胞胎(两人的基因完全相同),一个人有SLI,另一个人也有的概率是80%。这说明它背后有基因层次上的原因。英国有一个家庭,代号为K,一直是心理学家、遗传学家和语言学家研究的重点对象,K家的老奶奶有SLI,她的5个儿女里有4个,23个孙子女里有11个也都是患者。科学家们甚至检查过了这个家庭的基因。他们发现是一段重要的基因出了问题,科学家给这个基因起了代号叫Foxp2(全称Forkhead boxp2)。这个基因可以控制许多基因的运转,对大脑和发声器官产生广泛的影响,从而影响到语言的能力。也就是说,它是一个与说话有直接关系的基因,一个“语言基因”。

猴子的大脑里没有布罗卡区，在相当于“语言区”的位置上是主管嘴和舌头运动的区域。Foxp2 基因在非人动物体内也存在，但它们不会因此学会说话。一种常见的宠物小鸟——斑马雀（学名 *Taeniopygia guttata*）如果 Foxp2 基因出了故障，就只会吱喳乱叫，学不会唱歌了。人的语言，是从旧能力（一个很可能的备选，是动物鸣叫的能力）的基础上，发展出的一种全新的能力，就像恐龙的前腿变成鸟的翅膀。复杂、精致、伟大的语言，为我们这种动物所独有。

语言学家斯蒂芬·平克（Steven Pinker）幽默地说，人类想通过教黑猩猩说话来了解自己的语言，就像是大象为了研究自己的鼻子，去教蹄兔（大象的远亲，长相像老鼠的小动物）用鼻子拿起牙签一样！

爱八卦的猿

语言是如何进化而来的？根据进化论，一种复杂精致的能力，必然经过长期的自然选择，才能塑造出来。说话能力强的人，在相当长的一段时间内，在生存和繁殖上，比不会说话的人占有优势，才能进化出今天我们的如簧巧舌。

毫无疑问，会说话有许多好处，可以在部落里培养盟友，了解敌人，可以交换有用的信息（比如哪里有野果子，怎样打猎），甚至可以吸引异性。其中最有趣的一种用途是罗宾·邓巴（Robin Dunbar）提出来的。

我们都知道，猿和猴非常喜欢梳毛（grooming），也就是“捉虱子”。梳毛宛如人类的送礼，社交价值大于实用价值，最重要的功能不是驱除寄生虫，而是彰显伟大友谊。猿和大脑比较发达的猴子，是高度“社会化”的。在猴（猿）群里，几只猴子（猿）会建立亲密的伙伴关系，互相帮助，互相保护。伙伴相互梳毛，来保持亲密。梳毛中的猴子，大脑会释放一种叫做“内啡肽”的物质，让它觉得放松和舒服。

语言就是人类的“捉虱子”。有了语言，我们就可以聊天，用这种办法代替梳毛，建立亲密的伙伴关系。聊天可以一对多，而且可以一边干杂活，一边说话，效率比梳毛高很多。人类的语言能力，跟社会交往有密切的关系。一项研究显示，欧洲人有65%的谈话跟社交有关，另外有人统计得到，墨西哥的一个土著民族有78%的谈话是关于社交的。有了语言，我们可以学习各种高深的知识和深刻的哲理，但大多数时候，人类却用语言“八卦”，聊家长里短，人际关系，如此想来是有点浪费。

“八卦”在社会关系上的另一个贡献，邓巴认为是防备“人渣”。一群人要团结起来，不是一盘散沙，就要为共同的目标而付出，但这种“人人都献出一点爱”的组织，本身有它的脆弱性，要是有坏人只想得到，不想付出，这个组织就无法维持下去。

“八卦”能成为防范坏人的警报器。如果一个人发现了这种占便宜的“人渣”，聊天的时候，就可以告知他人，让大家都小心防备。而且出于对名声的考虑，每个人都不敢太造次，害怕被戳脊梁骨。这样就能维持小团体的团结。这也许就是我们热衷于讲“人渣”“极品”故事的原因？

天生话痨还是学习专家？

古埃及的法老萨姆提克（Psamtik）想知道人类天生是讲什么语言的，他把两个婴儿关在小黑屋里养大，照料他们的保姆一句话都不许说，结果可想而知。

认为小孩可以不教就会说话，在今天看来很可笑。但我们也不得不承认，人类最独一无二的神奇能力来自于先天的、基因的基础。语言本能遵循严格的时间表，在一定的时间来，在一定的时间走，小孩的“超级语法能力”随着年龄递减，在青春期完全消失——这也是本能的特点。小鹅在出生 15 小时到 3 天的时间里，会把任何移动的东西当成妈妈，你可以让它跟在任何动物或人后面，过了这段“关键期”，小鹅就不再黏人了。

为什么本能要遵守时间规定呢？一个可能的原因是，只有在这个时间段，它是有用的。小鹅出生之后，见到的第一个移动物体应该是妈妈。在原始的生活环境里，小孩只要学会一门母语就够了。大脑神经元耗能巨大，执行完任务之后，就让它衰退掉，符合经济节约的标准。今天有了雅思考试，人类才发现进化的安排之愚蠢，居然把如此宝贵的能力丢掉了！

我们是天生的话唠，还是后天的语言学习专家呢？也许我们永远无法回答，这个基因和后天谁多一点的问题。黑猩猩没有掌管语言的脑区和基因，不幸的古埃及孩子无法学习说话，两者的语言能力，都十分有限。基因和学习两者并非对抗的关系，而是相互协作，缺一不可。

人不是被“先天基因”和“后天学习”抢夺的地盘，而是由先天基因构造而来，随时准备接受后天学习的机器。所有生命都是活跃的，懂得观察环境，见机行事的精密程序，鱼要有水才能游，斑马雀要模仿老鸟的鸣叫才能会唱歌。老顽童说过，碗是空的才可以用来吃饭，然而没有碗也不能盛饭呀。

人之所以异于禽兽是因为我们在野兽祖先的基础上演化出了我们独特的先天本能，然后在独特的后天环境中接收信息，构造起独特的人类身心。而语言，正是这一大堆“独特”东西的出色代表。

西游与博弈论

从《大话西游》到许多日本的漫画，再到《大圣归来》，西游记被流行文化重写了无数次，它之所以成为最受大众欢迎的经典文本，离不开它对普通人性的生动表现。无论是佛祖还是神仙，都颇具“人情味儿”。唐僧师徒 4 人历经重重艰险，终于到达西天。神佛们却向三藏法师索要“好处费”，一向秉持“真小人”原则的猪八戒都被气得说不出话来。

日本动画《搞笑漫画日和》里，唐僧师徒 4 人被塑造成荒诞的搞笑形象，他们都是卑鄙小人，先谋杀了八戒，然后为谁首先登上终点，获得“抵达西天第一人”的名誉，争得不可开交。人性真的是如此可悲吗？互相伤害真的就不能避免吗？

囚徒的困境

如果你是西天佛爷，如果你够善良也够聪明，你可能会高抬贵手，放唐僧师徒抵达天竺，这总比大家为了钱吵得面红耳赤好得多吧。如果大家都是好人，你也当好人，固然很好，但还有更好的选择：大家都清正廉明，你一个人向唐僧师徒索要黄金，获得“灰色收入”。如果大家都不老实，索要贿赂成为普遍的“潜规则”，你还在那里当清官，就更蠢了。

结论是，不管孙悟空和那一帮神仙是好人还是恶人，你都得做赃官！无论你计划得多么好，最后总是以尔虞我诈收场。这就是西游记留给我们的深刻教训。

在现实世界中，西游旅程的情况经常出现，比如对公海渔场的管理。如果大家都不乱捕，让鱼群有休养生息的机会，就可以长久有鱼吃。然而“你不捞他捞呀”，如果你老实不乱捕，别人就会借机大量捕鱼，最后，大家都拼命捕捞，全然不顾可持续发展。

生物界也可以看到类似的例子。森林里的树经常长成又细又高，树冠很小的样子。能够光合作用的是树冠上的叶子，为何要耗费营养，生长细高的树干呢？如果大家都长得很矮，可以节省许多精力，但只要有一棵树长高一点，就能享受更多的阳光，今天我们见到的森林，是所有树竞赛拼命往高处长的结果。

这就是博弈论中经典的难题“囚徒的困境”（Prisoner's Dilemma）。这个名字是根据一个寓言所起的：两名恶人A和B被抓获了，按照他们的罪行，应该判五年监禁，警方还不清楚真实情况，所以要逼供。如果两人都把嘴闭得紧紧的，警方没有证据，只能判他们一年。但是，如果A出卖了B，把所有的罪行都推到B头上，那么就是B判10年，A无罪释放。如果这两个坏蛋够聪明的话，他们就应该抢着出卖对方。

总而言之，老实人总是吃亏，聪明人互相坑害，大家最后都没有好果子吃。

清正廉明的佛爷只能受穷，《日和》中的八戒只能遭殃。然而，如果西天我佛和西游四人组都如此自私，为什么他们还能一路合作，历经九九八十一难呢？为什么他们要坚持到最后，在“最后一哆嗦”之时起了内讧呢？

仁义的傻瓜

奇怪的是，人类比我们料想的善良得多，也愚蠢得多。如果你在轧马路时，有个拿着笔记本的家伙窜出来，问你，如果有 100 块钱给你和一位素昧平生的“路人甲”分，你会怎么分？不要奇怪，这是博弈论的另一个经典问题，最后通牒博弈（Ultimatum Game）。

游戏规则是钱由你来分，如果分得让那个路人甲不满意的话，他和你就一分钱也拿不到。数学家和经济学家已经调查了世界各地，从现代都市白领，到亚马孙丛林的居民，大多都会分两到四成给陌生的伙伴，而路人甲要是嫌钱太少，就索性连这一点也不要了，宁可讨个公道。总之，双方的反应虽然不算大公无私，也算是有情有义了。

你可能觉得这种反应很正常，但如果分钱的人稍微聪明一点，就会想到最后通牒博弈还有别的解法。你可以拿走 99 块 9 毛 9，只留 1 分钱给那个倒霉鬼，如果他真的想要，就不能拒绝，否则什么也拿不到。真正有血有肉的人，并没有“理性的人”那么无情无义，谢天谢地。

考虑到科学家调查的范围之广，如果把人性的愚蠢和善良完全归功于教育，是不合理的。那么多种文化怎么会不约而同地教人做“善良的傻瓜”？文化千奇百怪，不管你是来自纽约还是亚马孙，全世界人至少都在一方面是一样的——大脑。

进化心理学（Evolutionary Psychology）是心理学的新分支，它认为人脑是进化的产物，是用来在自然界生存并繁衍后代的工具，之所以那么多种文化的人都愚蠢而善良，是因为人类进化而来的本性就是愚蠢而善良，我们脑子里都有同一根弦。

然而好人总是在囚徒的困境里吃亏，这是物竞天择的结果，理应是好人牺牲，留下卑鄙小人，仁义的傻瓜怎么能在自然界存活呢？

机智的小鱼

政治学家罗伯特·爱克斯罗德（Robert Axelrod）一直想知道，囚徒的困境有没有破解的办法，1979年，他邀请学者们来玩一个游戏。

游戏规则很类似《日和》里的恶搞《西游记》故事，只不过是简化版。参赛者要自己编写一个电脑程序，遇到别的程序的时候，它可以选择“合作（相当于好人的做法，对别人好）”和“背叛（相当于卑鄙小人的做法，伤害别人）”。

爱克斯罗德会把这些程序输入电脑，进行一场大比武，参加比赛的一共有14个程序，最后得分最高的策略，叫做“Tit For Tat”（简称TFT），是数学心理学家阿纳托·拉普伯特（Anatol Rapoport）提出的。

“Tit For Tat”的含义是“一报还一报”，你叫它“针锋相对”或“以牙还牙”也可以，在第一回先合作，然后别人做什么，它也做什么，别人跟它合作，它报之以李，别人背叛它，它就报复回去。它是一个非常简单的程序，居然能取得这样好的成绩，让爱克斯罗德大吃一惊。

在自然界，也有“一报还一报”策略的存在。德国马普学会（Max Planck Institute）的进化生物学主任曼弗雷德·米林斯基（Manfred Milinski），设计过一个巧妙的实验。三棘刺鱼（学名*Gasterosteus aculeatus*）如果发现自己家附近有大鱼，就会派出侦察小队，去看看大鱼肚子饿不饿。侦察队一般是两条鱼组成，两鱼都不敢先撞线，谁游到前头，就要冒被大鱼一口吞掉的风险。

米林斯基在水缸里放进一条刺鱼和一条大鱼，然后在刺鱼身边摆一面镜子，刺鱼先是往前游一小段，发现镜子里的鱼也往前游,就继续很高兴地往前游去。如果把镜子摆成斜角，这样刺鱼往前游的时候，镜子里的鱼看上去只往前游了一点点,好像很害怕不敢向前的样子。真鱼看到“同伴”如此胆怯，自己也会赌气游回去。

刺鱼实际是在玩 TFT 的游戏，你合作（跟我去侦察）我也合作，你背叛（丢下我逃走）我也背叛。TFT 策略不愚蠢，不至于“被卖了还替别人数钱”，也不会像囚徒那么卑鄙，陷入黑吃黑的斗争中。力量与善良相结合，胡萝卜和大棒兼施才是成功的策略。

回到分钱的问题，和鱼类一样，我们也进化出了使用 TFT 的本能。TFT 的原则之一是“先合作”，所以你见了陌生人也要表示友好，有钱大家分；之二是“以牙还牙，惩罚坏蛋”，如果你给得太少，对方以为你在背叛他，宁愿分文不取，也要对你实施惩罚。如果我们知道,人类既不是纯粹的老实人，也不是完全的卑鄙之徒，而是刚柔并济的 TFT 玩家，就很容易明白，这并不是愚蠢而是睿智。

经济学家罗伯特 · H. 弗兰克（Robert H. Frank）说过，我们凭感情做出的“愚蠢”决定,倒能把我们引向最大利益,而“理性”的卑鄙小人，才是真正的傻瓜。

未来的阴影

既然善良的 TFT 能成为好策略，师徒四人和西天我佛能一路精诚合作（悟空今天救唐僧，观音菩萨明天帮悟空……），克服九九八十一难来到天竺，也不是什么怪事了。于是问题转了一圈又回到出发点：既然 TFT 这么厉害，为什么在旅程的终点，大家还是翻脸了呢?

取经大功告成在即，各路人、神、妖功德圆满，专等各自上天评职称了。既然大家马上就要散伙，不管是 4 人之间互相倾轧，还是神仙突然狮子大开口索取黄金，都不用担心将来同伴的报复了。这下子,我们面对的情况,又回到残酷的“囚徒的困境”。TFT 是以直报怨的策略，它要靠报复来惩罚恶人，如果没有报复，TFT 也会变成拔掉牙齿的狮子。

如果说“未来的报复”是 TFT 的牙齿，那么它的爪子就是“未来的未知”。在《日和》里，如果三藏一行人知道西行之旅何时会到终点，他们不仅仅会想到“我得在终点做坏事”，也会想到，“大家都会在终点作奸犯科”。过第 80 难时，不管表现得如何好,都会在 81 难的终点遭到同伙背叛。好人没好报，还不如当坏人得了。于是大家又决定了，过第 80 难的时候也要使坏!

再向前推理一步，不管第 79 难时大家表现得如何好，都会在 80 难时遭到同伙背叛。于是乎第 79 难，第 78 难……直至第 1 难，大家都应该互相倾轧，互相背叛……这下还怎么取经？散伙算啦!

直到三藏一行到达西天，佛祖才告诉他，取经要经历九九八十一难，你的劫数未够，不能“过关”。这种做法貌似刁难人，其实很高明。不知道旅程何时结束，四人组也就不知道开始内讧，大家只好互相友善，走一步看一步，历经劫难重重，始终保持合作……

直到终点在即，大家都看得见了，也就知道，做坏事不怕遭报应了。“囚徒的困境”阴魂不散，重新抬头，于是悟空、八戒、佛祖，大家都开始露出卑鄙小人的一面来……看来，西天真的是个“是非之地”啊。

在宇宙面前

魏晋是疯子的时代。刘伶喝得醉醺醺的，光着膀子躺在地板上。看见朋友们满脸的嘲笑，他吃力支起身子，抬起网满红丝的眼睛，结结巴巴地说："我以天地为房屋，房屋为内衣，倒是你们，为什么跑进我的裤裆里来呢？"

不考虑刘伶说此话是否认真。当一个人意识到天地本大（即使他对天地的认识极为有限，比如以为地是方形的，天是由乌龟脚支撑的）的时候，当他以关心衣服的注意力去关心宇宙的时候，对他来说，穿不穿衣服，也显得不那么重要了。

宇宙如此之大，时间如此之久，这是件可恶的事。地球的直径超过1万千米，而银河系中行星的数目超过10亿颗，宇宙中像银河系这样的星系大约有1000亿个。美国作家约翰·麦克·菲（John Mc Phee）在《盆地与山脉》（*Basinand Range*）中写道，如果把两臂张开的距离，相当于地球的年纪，用指甲锉一锉，人类的全部文明史就会消失得干干净净。

这是一种开阔的世界观，然而，这种开阔和满不在乎的背后是悲凉。"他的悲愁寂寞是来自整个世界，这种意识和感慨是多么伟大呵！"（出自《闻一多选唐诗》）仰观宇宙群星，你会觉得，上一分钟你还埋首其上的事情，让人哭、笑、幸福、激动、觉得可以为之付出生命的全部事情，甚至整个人类，都不过是宇宙中的飘尘而已。我们却全身心投注其上，好像这些就是宇宙的全部似的，真是可笑！关注点不对。“前不见古人，后不见来者。念天地之悠悠，独怆然而涕下。”——我们与陈子昂的不同，仅仅是我们比他更清楚人类有多小，宇宙有多大而已。

弗洛伊德曾说，人类的每一次伟大的科学革命，都是对我们自信的一次冲击。我们曾自认宇宙的中心，直到伽利略来点醒我们，我们曾以为人类是上帝的造物，然而达尔文小心翼翼地指出，我们其实是猿的后裔。

滑稽的是，宇宙本应让我们看到自己的渺小，却有一些物理学家认为，我们决定了宇宙之伟大。人择原理（Anthropic Principle）就是这样的理论。

众所周知，地球是一个非常适宜居住的星球，我们生活在地球上，理应感到庆幸。随便举几个例子好了。我们和太阳的距离恰到好处，既不会太近被烤焦，也不会太远冻成冰块。巨大的木星吸引了从宇宙中飞来的小行星和彗星，否则它们就会冲到地球上去，把一切砸得稀烂。我们为什么得天独厚，生活在地球上，而不在火星、木星或参宿四上？因为在火星上，根本不可能出现智慧生物，也就不会有人提出这个问题了！宇宙中的星球数以亿兆计，所以碰巧会有几个地方出现了生命，生命还会回过头来，感叹他们是多么幸运。这就是弱人择原理。这就好比仙鹤为什么要用一条腿站立，而不是零条腿，如果这样，它就要坐到地上了！

强人择原理更进一步，它不满足于地球和仙鹤腿这样的小问题。宇宙中有一些规律，它们似乎有如神助，特别适合人类的存在。比如氢原子发生核聚变时释放出的能量的多少。如果再多一点点儿，所有氢原子都会变成更重的元素，而氢对于生命是必不可少的，比如，它组成许多有机物和水。如果少一点点儿，这个宇宙就会除了氢，什么元素都不存在。再比如宇宙的维度——三。一个二维动物，如果它的消化道像我们一样，从嘴巴通到肛门，它就会被自己的肠子切成两半。实际上三维世界里也有消化道只有一端开口，像口袋似的动物，比如珊瑚虫。但是复杂生物在二次元世界里很难进化。

在英国宇宙学家马丁·里斯（Martin Rees）的《六个数》（*Just Six Numbers*）里面，列出了6个这样性命攸关的数值，如果它们不是今天的样子，人类就不会存在了。而它们为什么会是这样呢？

我希望暂停一下，请大家想一想，这一切意味着什么。我们提问的对象是什么。在地球面前，人类是渺小的，在星系面前，地球是渺小的，在整个宇宙面前，星系是渺小的。然而规律，这些数字，它们不仅仅适用于地球、银河系，或现在的宇宙。在1000亿个星系的空间，在自宇宙开始到终结的时间，它们一直存在。这是规则。正如美国宇宙学家卡尔·萨根（Carl Sagan）所说，"我们的神是一个小神。"它们嘲笑自古以来，人类一切企图创造"伟大"和"神圣"的想象力。

强人择原理提出的答案是：像宇宙中存在亿兆的星球一样，也许存在许多不同的宇宙，也就是著名的"多元宇宙"——许多的宇宙同时存在，或者一个宇宙曾经像凤凰一样诞生和毁灭了许多次。在不同的宇宙中，可能有着不一样的规律，我们碰巧生活在一个规律得天独厚的宇宙中（核聚变释放的能量刚刚好，维度数刚刚好）。因为其他宇宙的规则，也许根本不可能允许智慧生物的进化和生存——比如只有氢的宇宙，或漫画一样的二次元宇宙——也就不会有谁提出这个问题了。史蒂芬·霍金说，那些没有人的宇宙，虽然它们可能也是非常美的，但不会有人来观察它们。

人择原理是骄傲的。与科学教导我们谦逊的大趋势相比，它显得尤为骄傲。在宇宙面前，人不一定非要陷入卑微的渊薮，我们可以向宇宙中至高至久的规则提问，发出对宇宙中最伟大的事物的究诘，并且想象出比宇宙更大的东西作为答案。

闻一多对陈子昂赞叹有加。在他的诗里，我们在意识到（虽然这意识按照今天看来，必定是错误百出，十分笨拙的）天地本大的时候，并没有因人的渺小变得冷酷，变成认为人的一切努力都没有意义，成为四大皆空的木头人。一方面，是广大的宇宙和漫长的时光，另一方面是充满同情心和热忱的，渺小却始终生存着的人，正因为渺小，人的生存、爱并奋斗才显得尤为悲壮。也许我们注定渺小，但没有什么东西能阻止我们去仰望伟大。

参 考 文 献

[1] 麦特 · 里德雷 . 美德的起源：人类本能与协作的进化 [M]. 刘珩，译. 北京：中央编译出版社，2003.

[2] 马特 · 里德利 . 性别的历史 [M]. 刘茉，褚一明，译. 重庆：重庆出版集团，2015.

[3] 爱德华 · O. 威尔逊 . 社会生物学——新的综合 [M]. 毛盛贤，孙港波，刘晓君，等译 . 北京：北京理工大学出版社，2008.

[4] 威廉斯 . 适应与自然选择 [M]. 陈蓉霞，译. 上海：上海科学技术出版社，2001.

[5] 巴斯 . 进化心理学：心理的新科学 [M]. 熊哲宏，译 . 上海：华东师范大学出版社，2007.

[6] 海伦娜 · 克罗宁 . 蚂蚁与孔雀——耀眼羽毛背后的性选择之争 [M]. 杨玉龄，译. 上海：上海科学技术出版社，2001.

[7] 爱德华 · 欧 · 威尔逊 . 生命的多样性 [M]. 王芷，唐佳青，王周，等译 . 长沙：湖南科学技术出版社，2004.

[8] 戈斯登 . 欺骗时间：科学、性与衰老 [M]. 刘学礼，陈俊学，毕东海，译 . 上海：上海科技教育出版社，1999.

[9] 史蒂芬 · 奥斯泰德 . 揭开老化之谜 [M]. 洪兰，译 . 桂林：广西师范大学出版社，2007.

[10] 里查德·道金斯 . 自私的基因 [M]. 卢允中，张岱云，王兵，译 . 长春 : 吉林人民出版社，1998.
[11] 威尔逊. 昆虫的社会 [M]. 王一民，王子春，冯波，等，译. 重庆 : 重庆出版社，2007.
[12] 史蒂芬·平克 . 语言本能——探索人类语言进化的奥秘 [M]. 洪兰，译 . 台北 : 商周出版社，2008.
[13] 朱自强 . 儿童文学论 [M]. 青岛 : 中国海洋大学出版社，2005.
[14] 吴其南 . 从仪式到狂欢——20 世纪少儿文学作家作品研究 [M]. 北京 : 人民文学出版社，2014.
[15] 戈尔德斯密特 . 达尔文的梦幻池塘 : 维多利亚湖上的悲剧 [M]. 张晓红，邱丽芸，译 . 广州 : 花城出版社，2007.
[16] 劳伦兹 . 攻击的秘密 [M] . 王守珍，译 . 北京 : 中国和平出版社，2000.
[17] 卡萝琳 · M. 庞德 . 生命与脂肪 [M]. 俞宝发，译 . 上海 : 复旦大学出版社，2001.
[18] 董枝明，邢立达 . 龙鸟大传 : 恐龙与古鸟的浪漫传奇史 [M]. 北京 : 航空工业出版社，2010.
[19] 布赖恩 · 斯威特克 . 我心爱的雷龙 : 一本写给大人的恐龙书 [M]. 邢立达、李锐媛译 . 北京 : 人民邮电出版社，2016.
[20] 哈洛德·马基 . 食物与厨艺 [M]. 邱文宝，林慧珍，译 . 台北 : 大家出版社，2010.
[21] 欧雷 · G. 莫西森，克拉夫斯 · 史帝贝克 . 鲜味的秘密 : 大脑与舌尖联合探索第五味！ [M]. 罗亚琪，译 . 台北 : 麦浩斯出版社，2015.
[22] 贾雷德 · 戴蒙德 . 枪炮、病菌与钢铁——人类社会的命运 [M]. 修订版 . 谢延光，译 . 上海 : 上海译文出版社，2016.